Python 数据分析之道——Thinking in Pandas

[美]汉娜·斯捷潘内克（Hannah Stepanek） 著

周书锋 连晓峰 译

中国水利水电出版社
www.waterpub.com.cn
·北京·

内 容 提 要

　　本书通过以 Pandas 实现的精彩的数据分析项目，来讲解大数据相关的主题及概念。通过学习本书，读者可以根据项目的大小及类型来评估自己的项目是否适合使用 Pandas 库。本书对如何在 Pandas 中高效地加载及标准化数据进行了解读，并回顾了一些最常用的加载器及它们的一些最具威力的选项，从而读者可以学会如何高效地存取及转换数据、使用什么方法、什么时候采用或回避一些更高性能的技术。本书还将带读者用心思考 Pandas 中基本的数据访问及维护，以及直觉字典语法。

　　本书适合作为 Python 数据分析学习者及相关从业人员的参考用书。

北京市版权局著作权合同登记号：图字 01-2021-0046

First published in English under the title
Thinking in Pandas:How to Use the Python Data Analysis Library the Right Way
by Hannah Stepanek
Copyright © Hannah Stepanek,2020
This edition has been translated and published under licence from
APress Media,LLC,part of Springer Nature.

图书在版编目（CIP）数据

　　Python数据分析之道 / （美）汉娜·斯捷潘内克著；
周书锋，连晓峰译. -- 北京：中国水利水电出版社，
2021.8
　　书名原文：Thinking in Pandas
　　ISBN 978-7-5170-9780-8

　　Ⅰ．①P… Ⅱ．①汉… ②周… ③连… Ⅲ．①软件工
具－程序设计 Ⅳ．①TP311.561

　　中国版本图书馆CIP数据核字(2021)第149971号

策划编辑：周春元　　　　责任编辑：王开云　　　　封面设计：梁　燕

书　　名	Python 数据分析之道——Thinking in Pandas Python SHUJU FENXI ZHI DAO——Thinking in Pandas
作　　者	[美]汉娜·斯捷潘内克（Hannah Stepanek）　著　周书锋　连晓峰　译
出版发行	中国水利水电出版社 （北京市海淀区玉渊潭南路 1 号 D 座　100038） 网址：www.waterpub.com.cn E-mail: mchannel@263.net（万水） 　　　　sales@waterpub.com.cn 电话：(010) 68367658（营销中心）、82562819（万水）
经　　售	全国各地新华书店和相关出版物销售网点
排　　版	北京万水电子信息有限公司
印　　刷	三河市德贤弘印务有限公司
规　　格	184mm×240mm　16 开本　7 印张　146 千字
版　　次	2021 年 8 月第 1 版　2021 年 8 月第 1 次印刷
印　　数	0001—3000 册
定　　价	48.00 元

凡购买我社图书，如有缺页、倒页、脱页的，本社营销中心负责调换

版权所有·侵权必究

作者简介

  Hannah Stepanek 是一名对软件性能富有激情的软件开发人员，同时也是开源软件的积极倡导者。她拥有七年多的 Python 编程行业经验，她花了两年左右的时间使用 pandas 实现了一个数据分析项目。

  Hannah 出生于俄勒冈州科瓦利斯市，毕业于俄勒冈州州立大学电子计算机工程专业。她活跃于软件开发社区，经常在本地及大型学术会议上做报告。2019 年初，在美国 PyCon 会议上，做了关于 pandas 库的演讲，并在卡斯卡迪亚社区大学 OpenCon 会议上做了关于开源软件的好处的演讲。她有一匹马，名字叫 Sophie。业余时间，她喜欢骑马和玩棋类游戏。

技术评审简介

  Jaidev Deshpande 是 Gramener 公司的高级数据科学家，致力于从数据中自动生成洞察的研究。他在使用 Python stack 提供机器学习解决方案方面有着十年以上的经验，其研究领域是机器学习和信号处理的交叉融合。

前　　言

　　使用 Python 的 pandas 库，需要思维上的转变，而这对于使用该软件库的人员来说并不简单。对于初学者，pandas 包含的丰富 API，往往使得在确定何种解决方案为最优时令人不知所措。本书旨在通过详细阐述 pandas 的工作机制以正确使用 pandas。本书将建立一个涵盖 Python 和 NumPy 数据结构、计算机体系结构以及 Python 和 C 语言之间性能差异等内容的基础知识。在这些知识的基础上，就能够解释为何在某些特定条件下会执行某些特定的 pandas 操作。本书中，你将可以学会何时使用这些操作以及何时使用性能更好的替代操作。在本书的最后，还介绍了可使得 pandas 性能更强的一些可以做或正在做的改进。

目　　录

第1章
概述

人们生活在一个数据无处不在的世界。事实上，由于数据过多，以至于其几乎不可能完全被理解。当前比以往任何时候都更加依赖计算机来帮助理解如此庞大的信息。无论是通过搜索引擎发现数据、通过图形用户界面（GUI）显示数据，还是通过各种算法来聚合数据，都需要利用软件进行数据的处理与提取，并以合理的方式来呈现。pandas 现已成为一个从事大数据相关处理的越来越受欢迎的软件包。无论是分析海量数据、展示数据，还是对数据进行规范化处理和重新存储，pandas 都有支持大数据的一系列相应功能。尽管pandas 不一定是最好的选择，但该软件包是用 Python 语言编写，易于初学者学习掌握，且具有丰富的 API。

pandas 简介

pandas 是在 Python 中处理大数据集的首选软件包，它通常是为处理小于或大约 1GB 大小的数据集而设计的，但实际上，数据量大小的限制取决于运行 pandas 的设备内存。一个常用的经验法则是设备内存大小至少应是待处理数据集的 5～10 倍。一旦数据集超过 1GB，通常建议使用其他的软件库（如 Vaex）。

pandas 这个名称，来自于 panel data（指面板数据）一词。其基本思想是用一个较大的数据面板来平铺数据，如图 1-1 所示。

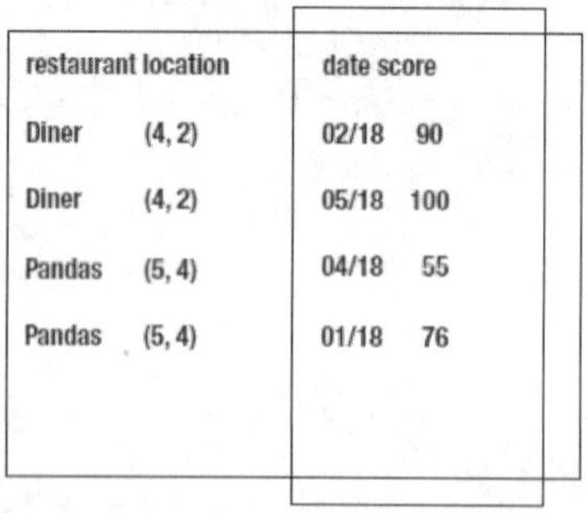

restaurant	location	date	score
Diner	(4, 2)	02/18	90
Diner	(4, 2)	05/18	100
Pandas	(5, 4)	04/18	55
Pandas	(5, 4)	01/18	76

图 1-1　panel data（面板数据）

在第一次实现 pandas 时，是与 NumPy 紧密结合的。NumPy 是一个常用的 Python 科学计算包，其中提供了一个 n 维数组对象来高效执行矩阵数学运算。在如今的 pandas 实现中，仍可在非数值（NaN）类型及其 API（如 dtype 参数）的表述中感受到与 NumPy 的紧密结合。

pandas 从一开始就是一个真正的开源项目。Python 中 Podcas._init_的最初开发者 Wes McKinney 承认，当初为培育开源社区并鼓励积极贡献者，pandas 与 NumPy 软件包的关系有点过于紧密，不过即使再回到当初，这种情况也不会有太大变化。NumPy 现在仍是一个用于高效数学运算的非常主流和强大的 Python 库。在 pandas 出现时，NumPy 是科学领域进行数据计算的主要软件包，为了让现有用户和贡献者以熟悉的方式快速简单地实现 pandas，NumPy 包成为 pandas 数据框架的底层数据结构。NumPy 是建立在 C 语言的扩展之上的，它虽然提供了一个 Python API，但主要计算几乎完全是在 C 语言中完成的，这就是 NumPy 为何如此高效的原因。C 语言比 Python 语言执行速度快得多，因为 C 语言是一种低级语言，它不会像 Python 一样为提供内存管理等高层细节而消耗大量内存和 CPU 开销。即使在如今，开发人员仍高度依赖 NumPy，并且经常在 pandas 程序中执行完全基于 NumPy 的操作。

对于普通开发人员而言，Python 语言和 C 语言之间的性能差异通常并不明显。在大多数情况下，Python 的执行速度已足够快，且 Python 高级语言的特性（如内置内存管理和类似伪代码的语法等）通常避免了自身管理内存的麻烦。然而，在对数千行的大规模数据集执行操作时，这些细微的性能差异会导致显著差别。对于普通开发人员来说，这似乎绝无可能，但对于科研领域，花费几天时间来执行大数据计算并不罕见。有时执行计算确实需要花费这么长的时间，但有时也是由于程序编写方式较为低效而造成的。在 pandas 中可通过许多不同方法来完成同样的功能，这使之灵活而强大，但也意味着可能会让开发人员选用低效的开发方式，从而导致数据处理非常慢。

作为开发人员，现在处于一个计算资源相对廉价的时代。如果一个程序占用大量 CPU 资源，那么只需额外支付几美元将 AWS（亚马逊网络服务）实例升级到一台性能更强大的机器上即可，这比花时间解决程序的根本问题和 CPU 被过度占用的问题要容易得多。虽然拥有这些现成的计算资源会提供很大便利，但也容易成为开发人员不思进取的原因。现在，我们常常会忘记，在 50 年前计算机占据整个房间只是为了实现几秒钟即可完成的两个数字相加。很多程序即使不是以最优方式编写的，但其运行也都足够快，且能满足性能要求。与简单的 Web 服务相比，用于处理大数据的计算资源会消耗巨大能量、需要大量内存和 CPU，通常需要大型计算机在资源受限条件下运行数小时。这些程序在硬件上执行的任务繁重，可能导致硬件更快老化，且需要大量能源来保持机器冷却和计算运行。因此作为开发人员，有责任编写高效程序，这不仅是为了执行速度更快、成本更低，也是因为这可以减少计算资源的消耗（即消耗更少的电力，更少的硬件）以及整体上其计算更具可持续性。

　　本书后续章节的写作目的是帮助开发人员实现高性能的 pandas 程序，并培养一种选择高效数据处理方法的理念。在深入研究 pandas 构建的底层数据结构之前，我们首先了解在现有的一些影响力较大的项目中是如何利用 pandas 的。

如何利用 pandas 构建一个黑洞图像

　　利用 pandas 对几台大型天文望远镜采集到的所有数据进行规范化处理，以构成天体黑洞的第一幅图像。通常由于黑洞距离遥远，大概需要一台地球大小的望远镜才能直接捕捉黑洞图像。为此，科学家们提出一种利用现今最大望远镜来拼接黑洞图像的方法。在这一国际合作项目中，将地球上的大型望远镜用作一个可捕捉黑洞图像的、理论上更大的望远镜的典型单镜。由于地球自转的原因，每个望远镜可充当多个镜面，用以填充理论上更大的望远镜图像的重要部分，这种技术如图 1-2 所示。然后，对理论上较大的图像块通过几种不同的图像预测算法进行训练来识别不同类型的图像，核心思想是如果这些不同图像复现技术输出相同图像，那么就可以确信黑洞图像是真实图像（或相当接近）。

图 1-2　将地球上的望远镜作为一个理论上更大望远镜的一部分

如何利用 pandas 帮助金融机构对未来市场进行更准确预测

金融顾问总是需要在激烈竞争中占得先机。许多金融机构利用 pandas 和机器学习库来确定新的数据点是否有助于金融顾问做出更好的投资决策。通常在 pandas 中加载新的数据集，先经过规范化处理，然后对照历史市场数据进行评估，观察这些数据是否与市场趋势相关。如果相关，则将这些数据发送给金融顾问，以用于金融投资决策。同时也可直接发送给客户，帮助其做出更明智的决定。

金融机构还利用 pandas 来监控业务系统。预测预警可能会影响交易性能的服务器停机或延迟。

如何利用 pandas 提高内容可发现性

公司每天会收集大量用户数据，对于广播公司的收视率而言，数据对于播放相关广告以及为感兴趣用户呈现恰当内容至关重要。通常，将收集到的用户相关数据加载到 pandas 中，并分析用户所观看内容的收视率模式。用户可能会习惯于某种模式，如什么时候浏览某些内容，关注哪些内容，什么时候看完特定内容，以及搜索新的内容。然后，根据这些模式来推荐新的内容或相关产品广告。最近，也开展了大量研究工作来改进业务模式，以免用户陷入泡沫之中（即推荐的内容并非之前看过的同一类型的内容，或表达过相同观点的内容）。这通常是通过避免业务方面的内容孤岛来实现的。

现在已了解了一些有关 pandas 的用例，接下来，在第 2 章将介绍如何使用 pandas 访问和合并数据。

第**2**章
基本数据访问与合并

在 pandas 中提供了许多访问和合并 DataFrame 的方法。本章主要介绍从 DataFrame 中获取数据、创建子 DataFrame 和合并 DataFrame 的基本方法。

DataFrame 的创建和访问

pandas 中有一个类似字典的语法，这对于熟悉 Python 但不熟悉 pandas 的开发人员来说非常直观。每个列名都被视为一个键值，而数据值作为行值返回。DataFrame 对象构造函数也允许以字典的方式来创建 DataFrame。注意：在从一个 DataFrame 中获取列时，是指向原始 DataFrame，在此允许对原始 DataFrame 进行修改。尽管根据语法规则是将其存储到原始 DataFrame 的子集中（如列表 2-1 中的后面部分所示），但还是会修改原始 DataFrame。这非常有利于内存方面的性能，因为无须不断创建数据副本。

列表 2-1   字典语法示例。

```
>> import pandas as pd
>> account_info = pd.DataFrame({
    "name": ["Bob", "Mary", "Mita"],
    "account": [123846, 123972, 347209],
    "balance": [123, 3972, 7209],
})
>> account_info["name"]
    0       Bob
    1       Mary
    2       Mita
```

```
Name: name, dtype: object
>> account_info["name"] = ["Smith", "Jane", "Patel"]
>> account_info
        name      account      balance
0       Smith     123846       123
1       Jane      123972       3972
2       Patel     347209       7209
```

同理，可通过传入列表 2-2 中所示各列的列表来创建子 DataFrame。

列表 2-2 创建子 DataFrame 的示例。

```
>> import pandas as pd
>> account_info = pd.DataFrame({
    "name": ["Bob", "Mary", "Mita"],
    "account": [123846, 123972, 347209],
    "balance": [123, 3972, 7209],
})
>> account_info[["name", "balance"]]
        name      balance
0       Bob       123
1       Mary      3972
2       Mita      7209
```

如果用原始 DataFrame 创建一个子 DataFrame，并修改该子 DataFrame 以原始 DataFrame 不受影响，那么字典语法可能会导致后续产生混淆。除了列表 2-1 和列表 2-2 所示的简单示例之外，pandas 不能保证字典语法返回的结果对象是视图还是副本。这就是为什么对于具有多索引或多列的 DataFrame，loc 方法优于字典语法的原因。loc 方法（将在下一节中讨论）可以保证操作的是原始 DataFrame 而不是副本。同样，如果确实需要一个 DataFrame 的副本，那么应该显式地创建一个。

iloc 方法

可以通过 iloc 方法访问 DataFrame 的行，该方法使用类似列表的语法。具体如列表 2-3 所示。

列表 2-3 使用 iloc 方法访问 DataFrame 中行的示例。

```
>> import pandas as pd
>> account_info = pd.DataFrame({
    "name": ["Bob", "Mary", "Mita"],
    "account": [123846, 123972, 347209],
    "balance": [123, 3972, 7209],
})
```

```
>> account_info.iloc[1]
    name        Mary
    account     123972
    balance     3972
>> account_info.iloc[0:2]
            name      account     balance
    0       Bob       123846      123
    1       Mary      123972      3972
>> account_info.iloc[:]
            name      account     balance
    0       Bob       123846      123
    1       Mary      123972      3972
    2       Mita      347209      7209
```

iloc 方法是通过基于整数位置的索引来对 DataFrame 进行索引的。iloc 函数中的第一个位置是指定行索引,而第二个位置指定的是列索引。这说明可以如列表 2-4 所示选择行和列。

列表 2-4　使用 iloc 方法访问 DataFrame 中行和列的示例。

```
>> import pandas as pd
>> account_info = pd.DataFrame({
    "name": ["Bob", "Mary", "Mita"],
    "account": [123846, 123972, 347209],
    "balance": [123, 3972, 7209],
})
>> account_info.iloc[1, 2]
    3972
>> account_info.iloc[1, 2] = 3975
>> account_info.iloc[1, 2]
    3975
>> account_info.iloc[:, [0, 2]]
            name      balance
    0       Bob       123
    1       Mary      3975
    2       Mita      7209
```

iloc 方法也允许布尔数组。在列表 2-5 中,通过取每一行索引的模并将其转换为布尔值来获取所有奇数行。

列表 2-5　使用 iloc 方法访问 DataFrame 中行和列的示例。

```
>> import pandas as pd
>> account_info = pd.DataFrame({
    "name": ["Bob", "Mary", "Mita"],
    "account": [123846, 123972, 347209],
    "balance": [123, 3972, 7209],
})
>> account_info.iloc[account_info.index % 2 == 1]
```

```
        name      account      balance
    1   Mary      123972       3972
```

另外，iloc 方法还允许以一个函数输入，但该函数只能在整个 DataFrame 中调用一次，函数的传入与预先简单调用没有什么区别，为此不再赘述。

由于各列的层级均为整数值，iloc 方法在处理多索引多列 DataFrame 时非常方便。接下来，分析一个示例并进行分解。在此将待获取的行指定为 ":"，表明需要得到所有行，并使用一个布尔数组来指定列。获取多列 "data" 的值，即["score"，"date"，"score"，"date"]，然后通过设定数据值必须等于 "score" 来创建一个布尔数组。在列表 2-6 中将代码分为几段，以便于理解。

列表 2-6　使用 iloc 方法从多索引多列 DataFrame 中提取子 DataFrame。

```
>> restaurant_inspections
inspection                    0                    1
data                   score    date       score    date
restaurant    location
Diner         (4, 2)    90       02/18      100      05/18
Pandas        (5, 4)    55       04/18      76       01/18
>> score_columns = (
    restaurant_inspections.columns.get_level_values("data")
    == "score")
>> score_columns
    [True, False, True, False]
>> restaurant_inspections.iloc[:, score_columns]
inspection                    0          1
data                   score      score
restaurant    location
Diner         (4, 2)    90         100
Pandas        (5, 4)    55         76
```

loc 方法

loc 方法与 iloc 类似，只是 loc 方法还可允许通过列名或标签对 DataFrame 进行索引。列表 2-7 表明 loc 方法与列表 2-4 的 iloc 方法等效。

列表 2-7　使用 loc 方法访问 DataFrame 中行和列的示例。

```
>> import pandas as pd
>> account_info = pd.DataFrame({
    "name": ["Bob", "Mary", "Mita"],
    "account": [123846, 123972, 347209],
    "balance": [123, 3972, 7209],
```

```
})
>> account_info.loc[1, "balance"]
   3972
>> account_info.loc[:, ["name", "balance"]]
          name      balance
   0      Bob       123
   1      Mary      3972
   2      Mita      7209
```

loc 方法也适用于多索引多列 DataFrame，同时也与 iloc 方法一样支持布尔数组。如列表 2-8 所示。

列表 2-8　使用 loc 方法从多索引多列 DataFrame 中提取子 DataFrame 的例子。

```
>> import pandas as pd
>> account_info
   account              0                    1
   account_info         number    balance    number    balance
   name      username
   Bob       smithb     123846    123        123847    450
   Mary      mj100      123972    3972       123973    222
   Mita      patelm     347209    7209
>> account_info.loc[
      ("Mary", "mj100"), pd.IndexSlice[:, "balance"]
   ]
   0      balance      3972
   1      balance      222
```

在字典语法部分的末尾提到，对于复杂 DataFrame，loc 方法优于字典语法。接下来，通过使用各个语法来解释为什么会这样。列表 2-9 表明在较为复杂的 DataFrame 上操作时，每种访问方法究竟会转换成什么形式。注意，在列表 2-9 的后半部分中，使用了字典语法，具体代码是采用 __getitem__ 方法，然后对其调用 __setitem__。这与直接调用 __setitem__ 的 loc 方法正好相反。正是由于 __getitem__ 不确定，从而不能保证返回的是一个副本，还是一个指向原始 DataFrame 的视图。在非多列的简单情况下，这两种方法的代码看起来是一样的，但在本例中的较复杂情况下，字典语法是生成链式索引，并调用不可预知的 __getitem__。

列表 2-9　使用 loc 方法和字典语法提取子 DataFrame 的比较。

```
"""
The code below is equivalent to:
account_info.__setitem__(
     (slice(None), (0, 'balance')),
     NEW_BALANCE,
)
"""
account_info.loc[:, (0, "balance")] = NEW_BALANCE
```

```
"""
The code below is equivalent to:
account_info.__getitem__(0).__setitem__('balance', NEW_BALANCE )
"""
account_info[0]["balance"] = NEW_BALANCE
```

通常，可能需要将来自多个数据源的数据合并成一个 DataFrame。现在已了解如何实现一些基本的数据访问，那么接下来研究将来自不同 DataFrame 的数据合并成一个 DataFrame 的各种方法。

使用 merge 方法合并 DataFrame

merge 的工作方式与关系数据库的 join 方法相同，甚至还有一些常见的选项：外归并（outer）、内归并（inner）、左归并（left）和右归并（right）。右归并和左归并本质上相同，只是 DataFrame 以相反顺序传入，因此，本章不再分析右归并的显式示例。

若要确定两个 pandas DataFrame 之间的交集，可采用内归并方式（图 2-1）。例如，在列表 2-10 中，试图确定在两个数据集中同时存在的数据，或是在本例中确定目前仍存在的 1844 栋建筑。

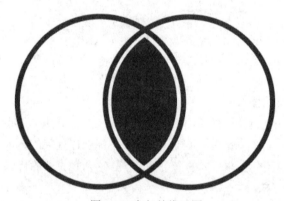

图 2-1　内归并维恩图

列表 2-10　使用内归并法寻找 2020 年仍存在的 1844 栋建筑。

```
>> import pandas as pd
>> building_records_1844

                        established
building
Grande Hotel            1830
Jone's Farm             1842
Public Library          1836
```

```
        Marietta House          1823
>> building_records_2020

                        established
        building
        Sam's Bakery            1962
        Grande Hotel            1830
        Public Library          1836
        Mayberry's Factory      1924
>> cols = building_records_2020.columns.difference(
                building_records_1844.columns
)
>> pd.merge(
        building_records_1844,
        building_records_2020[cols],
        how='inner',
        on=["building"],
)

                        established
        building
        Grande Hotel            1830
        Public Library          1836
```

在列表 2-11 中，是将两组基因样本的数据集合并在一起，这意味着来自两个样本数据集的所有数据都在同一数据集中，且不存在重复，这可通过外归并来实现（图 2-2）。

图 2-2   外归并维恩图

列表 2-11   使用外归并法将两组基因样本合并且数据不重复。

```
>> import pandas as pd
>> gene_group1
                FC1             P1
        id
        Myc     2               0.05
        BRCA1   3               0.01
```

```
    BRCA2        8            0.02
>> gene_group2
                 FC2          P2
    id
    Myc          2            0.05
    BRCA1        3            0.01
    Notch1       2            0.03
    BRCA2        8            0.02
>> pd.merge(
    gene_group1,
    gene_group2,
    how='outer',
    on=["id"],
)
                 FC1      P2          FC2      P2
    id
    Myc          2        0.05        2        0.05
    BRCA1        3        0.01        3        0.01
    BRCA2        8        0.02        8        0.02
    Notch1       NaN      NaN         2        0.03
```

在列表 2-12 中，是用更准确的历史数据来更新现代建筑的记录。历史记录中包含了用于更新仅包含大致估计信息的现代记录的准确建造日期。首先，使用左归并将更准确的建造日期添加为数据集中的一个新列（图 2-3）。在这种情况下，左归并有效，因为只是为目前仍存在的建筑更新其现代记录中的建造日期。注意，在此还利用 suffix 参数提供了列名。这非常便利，因此在执行完操作后，不必将列重命名为与原始列名相同。执行完左归并之后，需要将两个建造日期列的数据合并。这是通过用现代记录中的值替换旧的建造日期列中所有缺失值（即 NaN）来实现的。如果历史记录有建造日期，则使用该值；否则，选用现代记录中的建造日期。最后，删除现代记录中的原始建造日期列，以保留包含现代记录和历史记录合并值的新列。

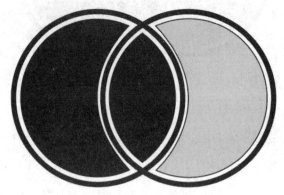

图 2-3 左归并维恩图

列表 2-12　使用左归并法以更准确的历史数据更新现代记录。

```
>> import pandas as pd
>> building_records_1844
      building              established
      Grande Hotel          1832
      Jone's Farm           1842
      Public Library        1836
      Marietta House        1823
>> building_records_2020
      building              established
      Sam's Bakery          1962
      Grande Hotel          1830
      Public Library        1836
      Mayberry's Factory    1924
>> merged_records = pd.merge(
      building_records_2020,
      building_records_1844,
      how='left',
      right_on="building",
      left_on="building",
      suffixes=("_2000", ""),
)
>> merged_records
      building           established_2000    established
      Sam's Bakery       1962                NaN
      Grande Hotel       1830                1832
      Public Library     1835                1836
      Mayberry's Factory 1924                NaN
>> merged_records["established"].fillna(
      merged_records["established_2000"],
      inplace=True,
)
>> del merged_records["established_2000"]
>> merged_records
      building              established
      Sam's Bakery          1962
      Grande Hotel          1832
      Public Library        1836
      Mayberry's Factory    1924
```

　　在列表 2-13 中，计划进行第三次医学试验，并希望生成符合条件的参与患者列表。只有参加过前两次试验 a 或 b（不必两次都参与）的患者才有资格参加第三次试验。为生成符合条件的参与患者列表，需在合并参与试验 a 和试验 b 患者时采用 anti-join 合并方法（图 2-4）。pandas 中的合并方法提供了一个名为 indicator 的参数，用于在生成的 DataFrame 中添加一个名为_merge 的附加列，以表明键值是否存在于 left_only、right_only 或两个 DataFrame 中。在本例特殊情况下，这种方法非常有效，因为此时需要进行一些非常规的合并。使用 query 方法，可以选择不同时存在 _merge 值的行，然后删除_merge 列。上述操作可在一行代码中实现，如列表 2-13 的最后一行所示，但在此之前需分解为两个步骤，以便可以清楚地了解究竟是如何工作的。

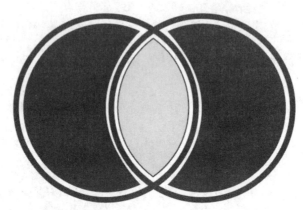

图 2-4　anti-join 维恩图

列表 2-13　采用 anti-join 合并法排除参与过两次试验的患者。

```
>> import pandas as pd
>> trial_a_records
                        name
        patient
        230858          John
        237340          May
        240932          Catherine
        124093          Ahmed
>> trial_b_records
                        name
        patient
        210858          Abi
        237340          May
        240932          Catherine
        154093          Julia
>> both_trials = pd.merge(
        trial_a_records,
        trial_b_records,
        how='outer',
        indicator=True,
        right_index=True,
        left_index=True,
```

```
        on="name",
    )
                    name          _merge
    patient
    230858      John          left_only
    237340      May           both
    240932      Catherine     both
    124093      Ahmed         left_only
    210858      Abi           right_only
    154093      Julia         right_only
>> both_trials.query('_merge != "both"').drop('_merge', 1)
                    name
    patient
    230858      John
    124093      Ahmed
    210858      Abi
    154093      Julia
>> both_trials = pd.merge(
    trial_a_records,
    trial_b_records,
    how='outer',
    indicator=True,
    right_index=True,
    left_index=True,
    on="name",
).query('_merge != "both"').drop('_merge', 1)
```

使用 join 方法合并 DataFrame

　　pandas 中的 join 方法只是对 merge 的封装提供了相同的基本合并方法：左（left）、右（right）、外（outer）和内（inner）。该方法允许在多索引 DataFrame 上自动执行合并操作，而无需指定待合并列的索引。在进行左连接时，会自动通过索引从左侧 DataFrame 进行连接，若是右连接，则是从右侧 DataFrame 进行连接。由于 join 方法是在 DataFrame 上执行，而与显式传入两个 DataFrame 的 merge 方法不同，因此 join 方法默认是在"右侧"DataFrame 的索引上执行合并。在这种情况下，是从"右侧"传入 DataFrame 的。这与 merge 方法默认的内连接不同。

　　使用 merge 方法，可以不明确指定待合并列的键值。如果是合并两个具有相同数据的 DataFrame，且不希望左 DataFrame 和右 DataFrame 具有重复列，而只是简单地合并两个数据集，那么 merge 方法要优于 join 方法。因为 join 方法是在底层调用 merge 方法，因此需明确指定待合并列的键值，以便消除在具有公共列名的 DataFrame 中未输出重复列的可能性。在此需遵循的一个基本规则是：如果无需按索引连接，则采用 merge 方法。

列表 2-14 重新实现了先前列表 2-10 所示的内归并示例，但与上述示例中建筑物的记录保持一致不同，现在是记录有所差别。在该场景中，出于某些原因，需采用 join 方法。首先，已根据建筑的唯一性建立了数据索引，join 方法将自动提取索引并利用这些索引来连接两组数据。其次，由于数据中存在差异，因此希望在输出 DataFrame 中并排显示两个 DataFrame 中的列，以便于比较。

列表 2-14　使用内 join 方法突出强调 2020 年仍存在的 1844 栋建筑的不同建造日期。

```
>> import pandas as pd
>> building_records_1844

                             established
  building      location
  Grande Hotel   (4,5)       1831
  Jone's Farm    (1,2)       1842
  Public Library (6,4)       1836
  Marietta House (1,7)       1823
>> building_records_2020

                             established
  building         location
  Sam's Bakery      (5,1)    1962
  Grande Hotel      (4,5)    1830
  Public Library    (6,4)    1835
  Mayberry's Factory (3,2)   1924
>> building_records_1844.join(
   building_records_2020,
   how='inner',
   rsuffix="_2000",
)
                             established   established_2000
  building      location
  Grande Hotel   (4,5)       1831          1830
  Public Library (6,4)       1836          1835
```

使用 concat 方法合并 DataFrame

级联是一种将两个 DataFrame 合并的简单方法。列表 2-15 演示了将来自多个数据源的相同数据进行简单级联。级联有许多选项，包括指定是使用外归并还是内归并的 join 和指定是列合并（axis=1）还是行合并（axis=0）的 axis。默认情况下，级联是按行外归并。需要注意的是，在列表 2-15 中，位置(6,4)同时存在于 county_a 和 county_b 数据中，且在级联结果的索引中重复出现。

列表 2-15　使用 concat 方法连接两个 DataFrame。

```
>> import pandas as pd
>> temp_county_a
                    temp
    location
    (4,5)           35.6
    (1,2)           37.4
    (6,4)           36.3
    (1,7)           40.2
>> temp_county_b
                    temp
    location
    (6,4)           34.2
    (0,4)           33.7
    (3,8)           38.1
    (1,5)           37.0
>> pd.concat([temp_county_a, temp_county_b])
                    temp
    location
    (4,5)           35.6
    (1,2)           37.4
    (6,4)           36.3
    (1,7)           40.2
    (6,4)           34.2
    (0,4)           33.7
    (3,8)           38.1
    (1,5)           37.0
```

另外，还允许以更复杂的方式使用级联方法来创建多列或索引。列表 2-16 演示了一种对每个待级联 DataFrame 的多列中某个值进行级联的示例。注意，在列表 2-16 中，device_a 和 device_b 的数据是同一位置的温度测量值。在此指定 axis=1，由此两个 DataFrame 是按列执行外归并。列表 2-16 中的键值参数表明级联过程中是将两个温度值的列视为不同列，即使列名相同，且同时创建一个多列。然后执行按列的外归并，并将每个设备的温度值置于一个单独列中，意味着级联结果中不存在重复的位置索引值。这与列表 2-15 不同，在列表 2-15 中，生成的索引值是重复的，只是将两个 DataFrame 简单堆叠。

列表 2-16　使用多列 concat 方法连接两个 DataFrame。

```
>> import pandas as pd
>> temp_device_a
                    temp
    location
    (4,5)           35.6
```

```
                   (1,2)          37.4
                   (6,4)          36.3
                   (1,7)          40.2
>> temp_device_b
                                  temp
                   location
                   (4,5)          34.2
                   (1,2)          36.7
                   (6,4)          37.1
                   (1,7)          39.0
>> pd.concat(
       [temp_device_a, temp_device_b],
       keys=["device_a", "device_b"],
       axis=1,
   )
                                  device_a         device_b
                                  temp             temp
                   location
                   (4,5)          35.6             34.2
                   (1,2)          37.4             36.7
                   (6,4)          36.3             37.1
                   (1,7)          40.2             39.0
```

在 pandas 中，合并 DataFrame 并提取子 DataFrame 有许多不同方法。采用何种方法实际上取决于具体用例。在此提供的只是具有代表性的示例，由于有一些参数在本章中没有明确介绍（如 sorting），因此需查阅每种方法的详细说明文档[①]。

---

① https://pandas.pydata.org/pandas-docs/version/0.25/user_guide/merging.html

第**3**章
pandas 在 Hood 下的工作机制

对于任何一种编程语言，理解其底层工作机制非常重要，因为这有助于编写更明确、更简单、更有效的正确代码。如果能够正确使用编程语言的构造块（数据结构和 API），则可能会使操作变得简单，若使用不当，则可能会使操作过于复杂（即使可能正确运行）。对于 Python 软件包也不例外。

编程语言实际上是一种易于开发人员读写，且可翻译为机器理解的 CPU 指令的简单文本。随着编程语言变得越来越高级（越远离计算机理解的机器代码），开发人员需要理解代码翻译的必要性越来越不重要。然而，随之产生的副作用是，可以一种非有效、非典型的方式来编写软件，而不必迫使开发人员解决底层的根本问题。在现代计算平台上，非有效性的解决方案通常在扩展到处理更多数据之前不会明显表现出有效性较差。大数据处理软件通常是运行于性能影响显著的程度下，因为这类软件需要处理庞大数据集，经常重复执行小而快的操作，以至于其性能非常重要。工作在这种数据规模下，深入了解软件的数据结构和性能优化非常重要，以便能够以最少工作量充分利用机器性能。为此，首先需要理解使用编程语言中数据结构的性能。

Python 数据结构

Python 的数据结构是采用构造块。为待解决问题选择正确的数据结构对于编写高效正确的代码至关重要。

首先，分析元组。元组实际上是一个数组，在很多方面都相当于 C 语言中的数组。元组可迭代，这意味着可通过循环遍历查看其中每个值（尽管这些值不可变，即一旦创建元组，这些值就不能更改）。元组有利于存储元数据等静态相关信息块。若在程序中不再引用某一小元组而释放其占用内存时，Python 会保留该元组，并将其添加到元组空闲列表中，以便于再次使用。这样就节省了 Python 解释器的运行时间，因为无需为新元组重新分配内存。在底层，元组转换为固定大小的数组，意味着指针数组的大小不能更改。列表 3-1 给出了一个元组的示例代码，而元组在内存中的表示如图 3-1 所示。在列表 3-1 中，每个索引表示为内存地址从 0x0000 0FB0 8421 0000 到 0002。每个索引处的值是内存地址或指向内存中实际值的指针。这表明 Python 是如何将非同类数据类型存储到相同的底层数组对象中。元组的每个地址或索引都包含一个指针，且只需为指针而不是实际值预留内存空间。

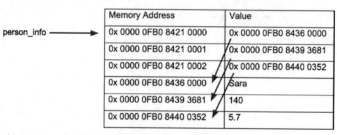

图 3-1　列表 3-1 在内存中的表示

列表 3-1　元组示例。

```
person_info = ("Sara", 140, 5.7)
```

简单地说，列表是一个可变元组。其在底层是一个固定大小的数组，但当元素数量超过 Python 初始分配大小时，则会创建一个新的固定大小数组，其中包含容纳更多元素的空间，并将旧数组中的元素复制到新数组中。分配的内存大小是以 2 为基数，因此如果初始化一个包含 5 个值的列表，Python 实际上将会分配一个固定大小的数组来容纳 8 个元素指针。如果再初始化 4 个值，那么在增加第 4 个值时，固定大小的数组将会重新分配为原来大小的两倍（16），并将之前存储的指针值复制到新数组中，另外还包括之前大小为 8 的数组无法容纳的第 4 个新指针值。与元组不同，列表结构不具有任何重用释放内存的性能优化。这是由于列表可变的原因——列表中的值可在创建后更改，且大小不固定。列表 3-2 给出了一个列表结构示例，其在内存中的表示如图 3-2 所示。与元组一样，列表中包含的是数据值的引用，而不是数据值本身。注意，由于本例的列表初始化为 3 个值，因此实际固定大小的数组长度为 4，其中在索引 3（元素 4）处，有一个值为 0x0 的空占位符。

列表 3-2　列表示例。

```
people = ["Sara", "Sam", "Joe"]
```

字典本质上是一个哈希表。键值在内存地址或数组中的特定索引处散列。根据字典中键值的数量，利用散列的特定位数来确定索引。列表 3-3 给出了一个字典结构示例，并表明其在内存中的表示。在列表 3-3 的示例中，由于只有两个元素而使用了 2 位。哈希数组中的值是包含字典中完整散列、键和键值的第二个数组的索引。注意，哈希索引数组中的每个元素只占用 64 个字节（指针的大小），而数据数组由于还包含散列、键和键值而占用的内存空间要大得多。通过为数据数组保留一个单独的索引数组，字典结构可利用较小的哈希索引数组作为未使用键的占位符而并非使用较大的数据数组来节省内存空间。另外，还能够根据需要扩展哈希索引数组，类似于插入更多元素时列表的扩展方式，而不是为不存在的哈希索引分配大量内存。注意，当散列位数增加时，哈希索引数组可完全重新初始化，而与数据数组无关。另外，还需注意的是，根据字典结构，现在是在数据数组中按插入时间对字典的键进行排序，而从 Python 3.7 开始，字典的键是按照插入顺序进行排列。

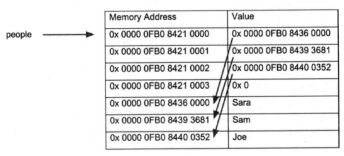

图 3-2　列表 3-2 在内存中的表示

列表 3-3　字典示例及其在内存中的表示。

word_alphabet = {"a": "apple", "b": "banana"}	
Hash-Index	Data
None	hash("a"), "a", "apple"
0	hash("b"), "b", " banana"
1	
None	

集合结构与字典基本相同，只是没有数据值。集合是一种用于跟踪成员关系的数据结构，可执行数学集合论中几乎所有的运算，如并集和交集。列表 3-4 给出一个集合示例及其在内存中的表示。

列表 3-4　集合示例及其在内存中的表示。

alphabet = {"a", "b"}	
Hash-Index	Data
None	hash("a"), "a"
0	hash("b"), "b"
1	
None	

除此之外，还有许多其他数据结构，包括整数、浮点数、布尔数和字符串。这些基本上都可直接转换成等效的 C 语言数据类型，为此不再赘述。值得一提的是，其中一些数据结构在 Python 中具有特殊的内置缓存。

Python 具有字符串和整数缓存。以列表 3-5 中的 str1 和 str2 为例。各个值均设置为 "foo"，但实际上是指向相同的内存地址。这表明即使创建一个与 str1 完全相同的新字符串，并复制到内存中，新字符串也会指向现有的字符串值。在 assert 代码行中，"is" 属性用于比较两个字符串的引用或指针是否相等。

　　列表 3-5　str1 和 str2 指向相同的内存地址。

```
str1 = "foo"
str2 = "foo"
assert(str1 is str2)
```

　　然而，字符串缓存仅适用于包含字母、数字和下划线的字符串。在处理可能包含其他字符的大规模数据集时，了解上述限制条件非常有用。通过在数据集中删除字符串值中无法进行字符串缓存的字符，可以节省大量内存，见列表 3-6。

　　列表 3-6　str1 和 str2 未指向同一内存地址。

```
str1 = "foo bar"
str2 = "foo bar"
assert(str1 is not str2)
```

整数缓存的工作方式类似；只能缓存-5～256 之间的整数，见列表 3-7。

　　列表 3-7　int1 和 int2 指向同一内存地址，int3 和 int4 指向不同内存地址。

```
int1 = 22
int2 = 22
int3 = 257
int4 = 257
assert(int1 is int2)
assert(int3 is not int4)
```

　　同样，在科学记数法中将一列表示的较大数字分为两列表示的数字，这是非常有利的，例如，可能会节省内存。

CPython 解释器、Python 和 NumPy 的性能

　　大多数开发人员通常安装的 Python 解释器称为 CPython。这是推荐与 pandas 配合使用的解释器，因为 pandas 在性能优化方面高度依赖于 C 语言。CPython 是由 C 语言实现的，将 Python 代码转换为所谓的字节码（这是一种在 Python 虚拟机上运行的中间层低级格式）。现有许多不同类型的 Python 解释器，包括分别用 Java、C#和 RPython（Python 的一个受限子集）实现的 Jython、IronPython 和 PyPy 等。PyPy 是一种即时编译器（Just-In-Time，JIT），意味着在运行时直接将 Python 代码编译为机器码。这与在 Python 虚拟机上运行字节码并调用预编译 C 扩展的 CPython 不同。由于 PyPy 是直接运行低级的优化机器代码，而不是在 Python 虚拟机上解析字节码，因此通常要比 CPython 执行得更快。不过遗憾的是，PyPy 目

前并不完全支持 pandas。

Python 是一种高级语言，意味着可读性强且可快速实现。同时也意味着与一些低级语言相比，由于需要一些自管理机制而导致其执行速度较慢。这些机制包括垃圾收集器、全局解释器锁和动态类型，但这些都是有代价的。垃圾收集器负责释放不再使用的内存，以便可以再次使用；全局解释器锁（也称为 GIL）用于保护对象不被多个线程同时访问；动态类型允许同一变量保存不同类型的值。由于 CPython 是由 C 语言实现而与 C 语言兼容，因此允许 Python 调用更高性能的 C 语言扩展。但为何 C 语言的性能要优于 Python 呢？Python 之所以比 C 语言执行速度慢是因为如下几个原因：只是解释而不是编译；具有全局解释器锁；允许动态类型，且具有内置的垃圾收集器。

将 Python 代码解释为字节码如同将 C 语言程序编译为目标文件一样，不同之处在于字节码是运行在 Python 虚拟机上，而机器码则是在 CPU 上运行。在运行时解释 Python 代码会增加额外开销，从而使得 Python 的运行速度通常慢于 C 语言。具体代码解释过程分几个阶段：将 Python 代码转换为令牌流的 tokenizer；执行语法分析的词法分析器；优化 Python 代码并将其转换为字节码（.pyc 文件）的字节码生成器，以及解释字节码流并维护字节码解释器状态的字节码解释器。

如果编辑一个 Python 文件并重新运行程序，发现运行结果并未按照所实现的程序更改来执行，那么你就会意识到 Python 解释器只是将字节码缓存在.pyc 文件中。在重新运行程序之前删除.pyc 文件会强制解释器将 Python 代码重新解释为字节码——本质上是强制 Python 解释器清除字节码缓存。字节码缓存是通过不重新解释 Python 代码为字节码来减少运行时的解释开销，除非更改 Python 代码。但在 3.3 之前的 Python 版本中，用于获取.py 文件中时间戳的方法与 Windows 操作系统的时间戳不匹配，从而导致时间戳比.pyc 文件晚。这意味着解释器未将.py 文件重新解释为字节码。同理，如果已删除一个.py 文件，但仍将其导入代码中，则会由于.pyc 文件仍存在于系统中而使得导入文件继续工作。虽然上述两个问题可能会影响使用字节码缓存，但缓存在改善解释性能方面具有重要作用，且通常是在后台运行，而开发人员并不知情。对于安装代码且不希望更改代码或开发者不希望公开 Python 源代码的第三方软件库，字节码缓存非常有用。

Python 中具有一个全局解释器锁，即众所周知的 GIL。为了真正理解 GIL 的存在原因，必须回顾过去，探究在产生 GIL 时的计算机科学发展现状，这是源于线程的出现。软件开发预见了计算的未来发展，在多核 CPU 产生之前引入了多线程的概念。线程能够使得程序并行运行在同一内存空间上的进程。这是一种提高 CPU 密集计算性能的极好方法。

例如，假设要计算 Tiffany 一词在列表中出现的次数，可以直接计算 Tiffany 在列表中出现的次数，也可将列表分解成多个子列表，分别将每个子列表给各个朋友，只要有人看到 Tiffany 一次，就将白板上的总数加 1。在本例中，每个朋友的工作就是线程，而白板上的计数是共享内存。一般来说，将问题分解成较小的块并使用线程来并行计算要比在一个线程上计算整个问题更快。不过可能会遇到的问题是，在某个朋友删除了白板上的总数时，需要同时进行更新。好在你已聪明地意识到这一点，在等待朋友计数完总数之后，再尝试更新。另一方面，对于计算机，需要提前告知如何处理这种情况，或需要达到线程安全。如果是一个软件遇到同样情况，只会直接压缩该值，这就是所谓的竞态条件。

在图 3-3 中，y 轴上 t 表示时间，并且有两个线程都希望几乎同时计数加 1。本例中的 total 位于共享内存中，意味着两个线程都可以访问该值。由图可见，线程 1 的计数器首先加 1，然后是线程 2。但是，线程 2 的计数器实际上并未有效加 1，因为在获取递增总数时，线程 1 的加 1 尚未完成。由此导致计数总数的最终结果比实际值少 1（6 而不是 7）。

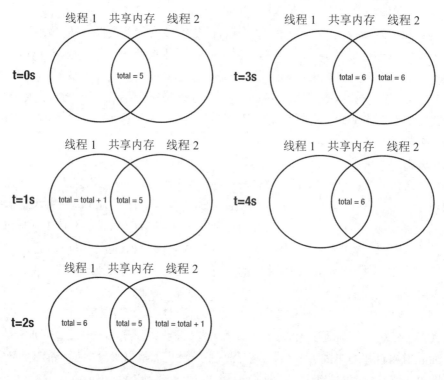

图 3-3　线程 1 和线程 2 之间总数递增的竞态条件示例

类似于上述总数递增示例的原理，CPython 解释器采用了垃圾收集器技术，跟踪指向对象的位置个数。垃圾收集器负责跟踪已分配的内存，并在不再使用时释放内存。这是通过保存程序中引用每个对象的所有位置总数来实现的。若不再引用，意味着引用计数为零，则释放内存，表明可用来存储其他内容。在列表 3-8 中，由于有两个变量引用字符串 foo，因此其引用计数为 2。

列表 3-8　创建对字符串 foo 两次引用的示例。

```
ref1 = "foo"
```

ref2 = "foo"

回顾字符串缓存在此的作用，因此 ref1 和 ref2 实际上都指向同一值。

在删除 ref2 时，字符串 foo 的引用计数为 1，若再删除 ref1，字符串 foo 的引用计数则为 0，此时可释放内存。具体如列表 3-9 所示。

列表 3-9　删除列表 3-8 中创建的对 foo 的引用的示例。

```
delete(ref2)          # reference count = 1 after this line executes
delete(ref1)          # reference count = 0 after this line executes
```

reference count = 1 after this line executes 执行该行代码后，引用次数=1。

但并非所有对象在引用为 0 时都会被释放，因为有些对象永远也不会达到 0。例如，列表 3-10 所示的场景（对于 Python 中的类和对象，这种情况经常发生）。在这个场景中，exec_info 是一个元组，其中第三个索引处的值是 traceback 对象。traceback 对象包含对 frame 的引用，而 frame 又包含对 exc_info 变量的引用。这就是所谓的循环引用，由于无法删除一个对象而不破坏另一个对象，因此必须对这两个对象进行垃圾收集。垃圾收集器将定期运行，来识别和删除这样的循环引用对象。

列表 3-10　创建循环引用的示例。

```
import sys
try:
    raise Exception("Something went wrong.")
except Exception as e:
    exc_info = sys.exc_info()
    frame = exc_info[2].tb_frame # create a third reference
assert(sys.getrefcount(frame) == 3)
del(exc_info)
assert(sys.getrefcount(frame) == 3)
```

跟踪这些引用是有代价的。每个对象都有一个占用内存空间的相关引用计数器，且代码中的每次引用都会占用 CPU 时间来计算适当递增或递减对象引用计数。这就是如果比较对象在 Python 中和 C 语言中的大小，发现 Python 中的对象大小要大得多的部分原因，同时也是在 Python 中执行比 C 慢的原因。产生这些额外字节和额外 CPU 周期的一部分原因就是由于引用计数跟踪造成的。尽管垃圾收集器确实会影响性能，但也使得 Python 成为一种简单的编程语言。作为一名开发人员，不必考虑内存分配和释放；Python 的垃圾收集器会完成这一工作。

在多线程应用程序中，引用计数和图 3-3 中的计数总数存在相同的问题。一个线程可能会与另一个线程同时在共享内存空间中创建一个对象的新引用，当引用计数只增加一次而不是两次时，就会发生竞态条件。当发生这种情况时，最终会导致对象提前释放（因为竞态条件导致对象的引用计数仅加 1，而不是加 2）。在其他情况下，若引用计数器递减存在竞态条件时，可能会导致内存泄漏，因为引用计数比实际值大 1 而导致永远不会释放内存。因此,运行多线程应用程序不仅会对程序所操作的数据产生影响,而且还会影响 Python 解释器本身。

　　通常,竞态条件是通过锁定来解决的。这实际上正是潜意识执行的操作—也就是说,在等待朋友完成计数总数更新后,自己才会更新。在软件中,这是通过共享内存锁实现的。当一个线程需要更新总数时,会先获得锁,然后更新总数,最后释放锁。与此同时,另一个线程保持等待直到锁被释放,然后获得锁,进而更新总数,这种交互过程如图 3-4 所示。

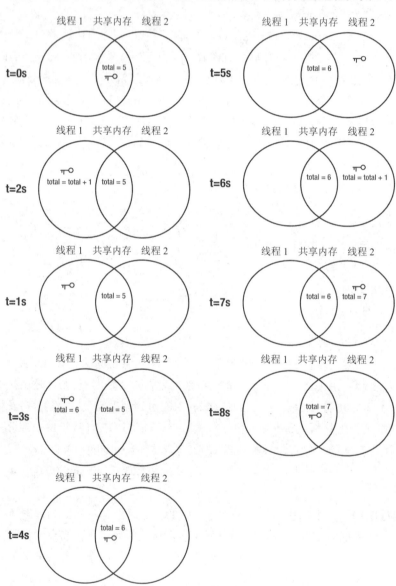

图 3-4　线程 1 和线程 2 之间计数总数共享锁定示意图

这非常棒！现在是否已真正解决了问题？接下来考虑图 3-5 所示的场景，其中有两个锁和两个总数。

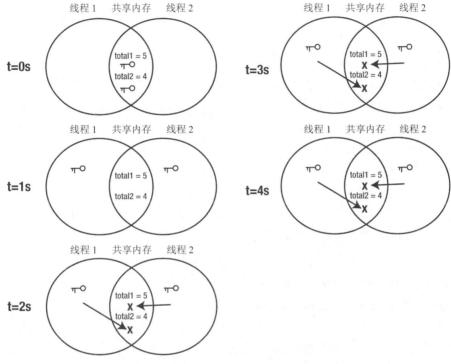

图 3-5 线程 1 和线程 2 之间死锁状态示意图

图 3-5 所示即是所谓的死锁。当两个线程需要执行多个数据块，但各自请求顺序不同时，就会发生这种情况。为完全避免出现这类问题，Python 开发者实现了一种线程级的锁，在任何给定时间内只允许一个线程运行，这是解决该问题的一种简单直观的方法。当时，由于多核 CPU 并不常见，在 CPU 中这些线程的指令无论如何都是串行执行的，因此对性能并未产生实质影响。但随着计算机越来越先进，计算也变得愈加密集，多核 CPU 已成为几乎所有现代计算平台的标准配置。当涉及需要执行大规模 CPU 密集计算的大数据处理时，如果不采用多核 CPU，则意味着在某些情况下根本无法执行计算（至少在合理时间内）。那么，如何才能突破 GIL，真正执行多核下的大数据计算呢？

C 扩展是由 C 语言而不是 Python 语言编写的，因此不受 GIL 的约束。pandas 是基于一个 C 扩展的 Python 封装器——NumPy 构建的，可完成所有繁重的计算工作。这意味着在 pandas 中所有密集计算都是由 C 语言完成的，且由于 C 语言的特性，计算速度通常较快。同时也意味着 pandas 能够突破 GIL 的约束，真正在多个核上同时执行多核计算。

由于 NumPy 实质上是在 C 语言下执行计算，因此必须将所有 Python 对象转换为与 C

语言兼容的数据类型。根据 NumPy 的说明文档，只要数组的类型可转换为 C 语言数据类型，那么就可在计算之前释放 GIL。这表明在使用 NumPy 时，需要在可转换为 C 语言数据类型的类型上执行操作非常重要。如果是在 NumPy 无法转换为 C 语言的 Python 对象上操作，那么则无法在 C 语言中得到计算结果。相反，必须在不能释放 GIL 的 Python 中执行，直到计算完成。

附录中给出了 Python 中的类型与 NumPy 在其 C 扩展中所用类型（称为标量）的详细映射。在 NumPy API 中，所有 NumPy 类型都称为 dtype，并且可作为 NumPy 库的属性来使用。

NumPy 的主要数据结构是 N 维数组或 ndarray。这是处理 Python-C 边界的一种特殊数组结构。需要注意的是，NumPy 中的 ndarray 是同构的，意味着所有元素都具有相同的类型。这又与 Python 和 C 语言有关。C 语言是一种低级语言，开发人员必须自己管理内存分配和释放，而且不允许动态类型。在 C 语言中，数组所有元素的大小或类型必须一致且已知，以便为输入数据和输出数据数组分配适当的内存大小。列表 3-11 给出了一个如何在 C 语言中创建浮点型数组的示例。需要注意的是，必须通过 malloc 来显式分配内存，且内存大小固定为 100——即只有容纳 100 个浮点数的空间。

列表 3-11　在 C 语言中为 100 个浮点数的数组分配内存。

```
float* array = (float*) malloc(100 * sizeof(float));
```

NumPy 利用 ndarray（如列表 3-12 所示）构建一个固定大小的数组，其中 dtype 用于指定数组中每个元素的类型，或数组中每个元素所占用的内存大小。回顾上一节已知，Python 的列表实现实际上是一个动态数组。与 ndarray 不同，Python 的列表类型是通过为指向该数据的指针（而不是数据本身）分配内存空间来处理任何大小的元素。这导致 Python 中的列表比 ndarray 占用更多的内存，因为由于列表中保存的是指向数据的指针而不是数据本身，所以存在间接寻址。总之，ndarray 具有一个固定长度，每个元素都有相同类型，而 Python 的列表类型则是一个动态长度，且元素可以是多种不同类型。这是一个重要的不同之处，也是为何需要指定 pandas 中的每一列为特定 dtype 的原因。另外，这也是为什么必须确保 pandas 的特定列具有正确类型，以及为什么必须规范化数据，以便指定一个具体类型而不是包含所有数据类型的对象类型。图 3-6 展示了列表 3-12 中创建的 ndarray 是如何在内存中表示的。

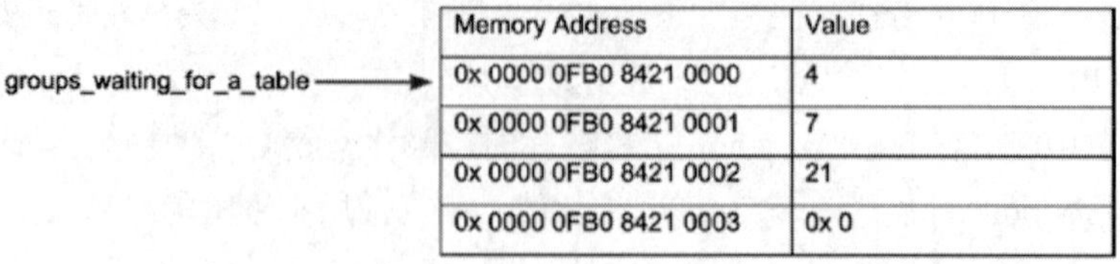

Memory Address	Value
groups_waiting_for_a_table → 0x 0000 0FB0 8421 0000	4
0x 0000 0FB0 8421 0001	7
0x 0000 0FB0 8421 0002	21
0x 0000 0FB0 8421 0003	0x 0

图 3-6　列表 3-12 在内存中的表示（与图 3-2 进行比较）

列表 3-12　三个 8 位无符号整数的 ndarray。

```
import numpy as np
groups_waiting_for_a_table = np.ndarray(
    (3,0),
    buffer=np.array([4, 7, 21], dtype=np.uint8),
    dtype=np.uint8,
)
```

CPython 解释器提供了一个展现获取和释放 GIL 能力的 C 语言 API。NumPy 使用宏 NPY_BEGIN_THREADS 和 NPY_END_THREADS 来表明 C 代码何时能够在没有 GIL 的情况下运行。NumPy 的数学运算是由 C 语言实现的通用函数（称为 ufunc）的实例，其中都需调用上述宏。

回顾在不具有 GIL 情况下的运行，意味着程序现在可以在多个核上同时执行指令。这表明当使用 NumPy 时，通过在 C 语言上的多线程，密集数学运算能够分解计算在列表中出现多少次 Tiffany 的示例。虽然 NumPy 本身通常不会实现多线程计算（只需在 C 语言中执行计算就足以提高性能），但如果与 NumPy 结合使用，其他软件库也可实现多线程计算。

在编译 NumPy 程序时，若使用基本线性代数子程序（称为 BLAS）或线性代数包（称为 LAPACK），则会根据内存缓存的大小和系统可用的内核数来执行运算。通过根据机器资源来优化计算，NumPy 能够以比其他方式快得多的速度执行计算。对于 BLAS/LAPACK，现有多种不同的实现，包括 OpenBLAS、ATLAS 和 Intel MKL。在后面章节中将会更加详细地探索这些软件库的工作原理以及如何提高软件系统性能，但现在只需了解存在这些软件库，以及对于大规模计算，各自在性能上的差异巨大。

pandas 性能简介

pandas 是 NumPy 的封装，而 NumPy 是 C 语言的封装；因此，pandas 的性能主要取决于 C 语言的实现，而不是 Python。在 pandas 中执行任何操作的一个基本概念是若使用 C 语言，执行速度很快，而若使用 Python，则速度较慢[①]。

NumPy 数组的应用要求同样也适用于 pandas 的 DataFrame——即 Python 代码必须可翻译为 C 语言代码；这包括数据的存储类型和对数据执行的操作。表 3-1 是从 pandas 数据类型到 NumPy 数据类型的对应表。注意，datetimes 和 timedelta 不能转换为 NumPy 类型。这是因为 C 语言中没有 datetime 数据结构，所以在必须对 datetime 数据进行操作的情况下，更有效的方法是将 datetime 类型转换为时间秒的整数。

---

① www.youtube.com/watch?v=ObUcgEO4N8w

表 3-1　pandas 数据类型与 NumPy 数据类型

pandas 数据类型	NumPy 数据类型
object	string_, unicode_
int64	int_, int8, int16, int32, int64, uint8, uint16, uint32,uint64
float64	float_, float16, float32, float64
bool	bool_
datetime64	datetime64[ns]
timedelta[ns]	NA
category	NA

值得注意的是，category 类型也不能翻译成 C 语言类型。category 类似于元组，源于其是用于保存一组类别变量,这意味着元数据具有一组固定的唯一值。由于不能翻译成 C 语言，因此不能用于保存待分析的数据。category 类型的优势主要在于能够按自定义排序顺序高效而简单地进行排序。从底层来看，这像是一个索引的数据数组，其中每个索引对应于 category 数组中的唯一值。根据 pandas 相关说明文档，表明在使用字符串类别时，可以节省大量内存。当然，由上一节已知，Python 中已有一个内置的字符串缓存，可以自动地处理某些字符串，所以只有当字符串中包含字母、数字和下划线以外的字符时，category 类型才会真正起作用。列表 3-13 给出了一个类别示例及其在内存中的表示。注意，其中的值是整数值，且这些整数值对应于 category 数组中的一个索引。这是 pandas 中节省内存的常用方法。稍后在讨论多索引时，还会再次涉及这个问题。

列表 3-13　pandas 的 categroy 示例及其在内存中的表示。

```
import pandas as pd
produce = pd.Series(
    ["apple", "banana", "carrot", "apple"], dtype="category"
)
Data        Categories
0           apple
1           banana
2           carrot
0
```

为了有效利用 NumPy 的性能优化，操作也必须转换成 C 语言。这意味着列表 3-14 中自定义函数的性能不佳，因为该函数是在 Python 中执行，而不是在 C 语言中。在第 6 章中将进一步深入研究这个示例和 apply 函数。

列表 3-14　pandas 中不能翻译为 C 语言的自定义 Python 操作。

```
import pandas as pd
def grade(values):
```

```
            if 70 <= values["score"] < 80:
                values["score"] = "C"
            elif 80 <= values["score"] < 90:
                values["score"] = "B"
            elif 90 <= values["score"]:
                values["score"] = "A"
            else:
                values["score"] = "F"
            return values
        scores = pd.DataFrame(
            {"score": [89, 70, 71, 65, 30, 93, 100, 75]}
        )
        scores.apply(grade, axis=1)
```

由于 pandas 是基于 NumPy 构建的，因此使用 NumPy 数组作为 pandas 中 DataFrame 的构建块，并在计算过程中最终转换为 ndarray。

列表 3-15　pandas 中的单索引 DataFrame 及其在内存中的表示。

```
import pandas as pd
restaurant_inspections = pd.DataFrame({
    "restaurant": ["Diner","Diner","Pandas","Pandas"],
    "location": [(4,2),(4,2),(5,4),(5,4)],
    "date": ["02/18","05/18","04/18","01/18"],
    "score": [90,100,55,60]})
>> restaurant_inspections
```

restaurant	location	date	score
Diner	(4, 2)	02/18	90
Diner	(4, 2)	05/18	100
Pandas	(5, 4)	04/18	55
Pandas	(5, 4)	01/18	76

Index	Blocks			
restaurant	Diner	Diner	Pandas	Pandas
location	(4, 2)	(4, 2)	(5, 4)	(5, 4)
date	02/18	05/18	04/18	01/18
score	90	100	55	76

列表 3-15 是 pandas 中一个最简单形式 DataFrame 的示例。其中数据为餐馆卫生检查数据。包含四列：餐馆名称、地点、日期和分数。每一列有四行数据。注意，其中有些数据是重复的，因为可能会根据时间对同一餐馆进行多次检查。实际上，该 DataFrame 可表示为一个名为 Index 的 NumPy 数组（包含列名）和一个名为 Blocks 的二维 NumPy 数组（包含数据）。

同样的数据可通过一个多索引 DataFrame 以一种更具表现力的方式进行表示，其中每个索引都表示一个具体餐馆。这可分为两部分来实现。首先，创建索引，然后将索引与数据关联，如列表 3-16 所示。数据的表示方式与上一示例相同，但需要注意的是，现在只有两个数据列，而不是四个。

列表 3-16　pandas 中的多索引 DataFrame 及其在内存中的表示。

```
import pandas as pd
restaurants = pd.MultiIndex.from_tuples(
    (
        ("Diner", (4,2)),
        ("Diner", (4,2)),
        ("Pandas", (5,4)),
        ("Pandas", (5,4)),
    ),
    names = ["restaurant", "location"]
)
restaurant_inspections = pd.DataFrame(
    {
        "date": ["02/18", "05/18", "04/18", "01/18"],
        "score": [90, 100, 55, 76],
    },
    index=restaurants,
)
>> restaurant_inspections
```

		date	score
restaurant	location		
Diner	(4, 2)	02/18	90
		05/18	100
Pandas	(5, 4)	04/18	55
		01/18	76

Levels	Names		Labels	
restaurant	Diner	Pandas	0	0
location	(4, 2)	(5, 4)	0	0
1	1			
1	1			

Index	Blocks			
date	02/18	05/18	04/18	01/18
score	90	100	55	76

在创建一个多索引时，会有一些特殊情况。此时的索引与单索引示例中的有些不同。在此仍有一个名为 Levels 的 NumPy 数组用于保存索引名；但不同的是，这不是一个简单的二维 NumPy 数组，而是对数据进行某种形式的压缩。Names 是一个用于跟踪索引中唯一值的二维 NumPy 数组，而 Labels 是一个与 Names 数组中唯一索引值对应整数值的二维 NumPy 数组。这与 pandas 中 category 数据类型所用的内存节省技术相同，事实上，由于 category 类型出现得较晚，很可能是源于 pandas 的多索引技术。

由于采用多索引而导致的数据压缩，列表 3-16 中 DataFrame 的大小约为列表 3-15 中单索引 DataFrame 的三分之二。在 pandas 中，可通过一个整型而不是其他较大数据类型来跟踪和表示索引数据，从而节省内存。若索引中存在大量重复数据时，这当然是有利的，而当索引中几乎没有重复数据时，就不再有什么优势。这也是为什么数据规范化非常重要的原因。例如，如果同一餐馆名称有多种表示（DINER、Diner、diner），那么就不能利用压缩方式（正如本例所示）。同时，也无法充分利用 Python 的字符串缓存优势。

　　与多索引类似，pandas 也允许多列。多列的实现与多索引方式相同，也采用同样的数据压缩技术。列表 3-17 给出了如何创建一个多索引多列 DataFrame 的示例。

列表 3-17　pandas 中的多索引多列 DataFrame。

```
import pandas as pd
restaurants = pd.MultiIndex.from_tuples(
    (
        ("Diner", (4,2)),
        ("Pandas", (5,4)),
    ),
    names = ["restaurant", "location"]
)
inspections = pd.MultiIndex.from_tuples(
    (
        (0, "score"),
        (0, "date"),
        (1, "score"),
        (1, "date"),
    ),
    names=["inspection", None],
)
restaurant_inspections = pd.DataFrame(
    [[90, "02/18", 100, "05/18"], [55, "04/18", 76, "01/18"]],
    index=restaurants,
    columns=inspections,
)
>> restaurant_inspections
```

inspection		0		1	
		score	date	score	date
restaurant	location				
Diner	(4, 2)	90	02/18	100	05/18
Pandas	(5, 4)	55	04/18	76	01/18

选择正确的 DataFrame

　　pandas 中 DataFrame 的选择是一个综合多种考虑因素和规划的决策。其中的考虑因素包括：

- 需要对数据进行哪些处理？

- 需要对数据进行聚合计算还是分组？
- 所有的数据类型是否都可以转换成 C 语言类型？如何实现？
- 能否区分数据与元数据？
- 是否有一种特定的 DataFrame 可以使得数据处理更简单、更有效？

考虑以下餐馆卫生检查数据的示例。可对每个餐馆进行多次检查，而作为数据处理的一部分，在此想要统计每个餐馆的检查次数。

pandas 中 DataFrame 的最简单形式类似于列表 3-18 所示的 DataFrame。为计算检查次数，必须根据餐馆名称对数据进行唯一聚合，然后统计每个餐馆的检查次数。这一 DataFrame 大约需占用 1120 位。

列表 3-18 在单索引 DataFrame 中存储和操作餐馆卫生检查数据。

```python
import pandas as pd
restaurant_inspections = pd.DataFrame({
    "restaurant": ["Diner","Diner","Pandas","Pandas"],
    "location": [(4,2),(4,2),(5,4),(5,4)],
    "date": ["02/18","05/18","02/18","05/18"],
    "score": [90,100,55,60]})
>> restaurant_inspections
```

restaurant	location	date	score
Diner	(4, 2)	02/18	90
Diner	(4, 2)	05/18	100
Pandas	(5, 4)	02/18	55
Pandas	(5, 4)	05/18	76

```python
>> total_inspections = restaurant_inspections.groupby(
    ["restaurant", "location"], as_index=False,
)["score"].count()
>> total_inspections.rename(
    columns={"score": "total"}, inplace=True
)
>> total_inspections
```

restaurant	location	total
Diner	(4, 2)	2
Diner	(4, 2)	2

```python
>> restaurant_inspections = pd.merge(
    restaurant_inspections,
    total_inspections,
    how="outer",
)
>> restaurant_inspections
```

restaurant	location	date	score	total
Diner	(4, 2)	02/18	90	2
Diner	(4, 2)	05/18	100	2
Pandas	(5, 4)	02/18	55	2
Pandas	(5, 4)	05/18	76	2

鉴于以下原因，单索引 DataFrame 不太适用于这种类型的计算。首先，需要执行一个聚合计算，为此需要按唯一餐馆名称对数据进行分组，如果分为许多组，那么分组过程会非常耗时；其次，在对每组执行计算后，会注意到所得的 total_inspection 与 restaurant_inspection 的初始 DataFrame 维度不同，维度不匹配需要采取一些小技巧将新数据返回到初始 DataFrame 中，最终需利用合并方法来构建成一个全新的 DataFrame，这意味着在合并过程中所占用的内存翻倍，如果初始 DataFrame 非常大，这可能会导致执行速度变慢，当非常接近最大内存量时，甚至会导致内存崩溃。

相反，如果将数据表示为列表 3-19 所示的多索引 DataFrame，则数据已经按餐馆名称进行了唯一分组。这意味着 groupby 的执行会较快，因为数据已在索引中完成分组。另外，还意味着 DataFrame 将占用更少的内存，因为正如上一节中所述，索引中的数据都是经过压缩的。然而，最重要的是，不必像使用单索引 DataFrame 时那样采取小技巧。这样就可以执行计算并将其返回到初始 DataFrame，而无需创建副本，从而节省大量时间和内存。同时，还将注意到，这时的代码更简单，更易于理解。该 DataFrame 大约会占用 880 位。回顾在创建多索引时，索引数据经过压缩，这就是为什么多索引 DataFrame 比对应的单索引 DataFrame 更小的原因。

列表 3-19　在多索引 DataFrame 中存储和操作餐馆卫生检查数据。

```
import pandas as pd
restaurants = pd.MultiIndex.from_tuples(
    (
        ("Diner", (4,2)),
        ("Diner", (4,2)),
        ("Pandas", (5,4)),
        ("Pandas", (5,4)),
    ),
    names = ["restaurant", "location"],
)
restaurant_inspections = pd.DataFrame(
    {
        "date": ["02/18", "05/18", "02/18", "05/18"],
        "score": [90, 100, 55, 76],
    },
    index=restaurants,
)
>> restaurant_inspections
                          date       score
restaurant   location
Diner        (4, 2)       02/18      90
                          05/18      100
```

```
Pandas        (5, 4)      02/18    55
                          05/18    76
>> restaurant_inspections["total"] = \
    restaurant_inspections["score"].groupby(
        ["restaurant","location"],
    ).count()
>> restaurant_inspections.set_index(
    ["total"],
    append=True,
    inplace=True,
    )
```

			date	score
restaurant	location	total		
Diner	(4, 2)	2	02/18	90
			05/18	100
Pandas	(5, 4)	2	02/18	55
			05/18	76

如何进一步优化呢？如果以日期作为列名，那么所有的分数将在同一行，从而使得计算更为简单。在此，以唯一的餐馆名称为索引，具体的检查日期为列。注意，分数现在是唯一的数据。这样就使得每一行都是一个具体的餐馆，因此可以简单地对每一行进行计数。见列表 3-20。

列表 3-20　多索引日期列 DataFrame 中存储和操作餐馆卫生检查数据。

```
import pandas as pd
restaurants = pd.MultiIndex.from_tuples(
    (
        ("Diner", (4,2)),
        ("Pandas", (5,4)),
    ),
    names = ["restaurant", "location"],
)
restaurant_inspections = pd.DataFrame(
    {
        "02/18": [90, 55],
        "05/18": [100, 76],
    },
    index=restaurants,
)
>> restaurant_inspections
            date              02/18    05/18
    restaurant   location
```

```
     Diner        (4, 2)        90          100
     Pandas       (5, 4)        55          76
>> restaurant_inspections["total"] = \
     restaurant_inspections.count(axis=1)
>> restaurant_inspections.set_index(
     ["total"],
     append=True,
     inplace=True,
   )
     date                        02/18       05/18
     restaurant    location    total
     Diner         (4, 2)        2           90          100
     Pandas        (5, 4)        2           55          76
```

上述 DataFrame 大约占用 660 位。注意,由于不再跟踪日期列和分数列,且日期值也不再重复,因此占用的内存更少。这几乎是经过压缩可得到的最小数据,且允许对每个具体餐馆执行非常有效的聚合计算。接下来,分析在更大的数据集上,采用这种形式是否存在漏洞。

目前,每一行都表示一个具体的餐馆,但如果在不同的地点有多家同名的餐馆呢?这仍然意味着每行都是一个具体餐馆,没有任何问题。

如果并非所有餐馆都在同一天接受检查呢?在大城市中,检查人员几乎不可能在同一天内检查完所有餐馆。这意味着数据中可能存在漏洞,如列表 3-21 所示。

列表 3-21   不是所有餐馆都在同一天接受检查时的列表 3-20 表示。

date			02/18	05/18	06/18	07/18
restaurant	location	total				
Diner	(4, 2)	2	90	100	NaN	NaN
Pandas	(5, 4)	2	NaN	NaN	55	76

这些漏洞可能是一个潜在的严重问题。回顾示例,分数数据是表示为一个无符号的 8 位整数,现在由于数据中存在 NaN,所以数据类型必须与 NaN 类型大小一致,从而强制类型为 32 位浮点型。对于每个分数数据,其占用内存是原来的四倍。不仅如此,现在数据中还有大量空隙,这会浪费空间,进而最终浪费内存。餐馆之间的公共日期值越少,问题就越严重。这需要采用多列索引来解决!参见列表 3-22。

列表 3-22   多索引多列 DataFrame 中存储和操作餐馆卫生检查数据。

```
import pandas as pd
restaurants = pd.MultiIndex.from_tuples(
  (
    ("Diner", (4,2)),
    ("Pandas", (5,4)),
  ),
  names = ["restaurant", "location"]
```

```
)
inspections = pd.MultiIndex.from_tuples(
    (
        (0, "score"),
        (0, "date"),
        (1, "score"),
        (1, "date"),
    ),
    names=["inspection", "data"],
)
restaurant_inspections = pd.DataFrame(
    [[90, "02/18", 100 "05/18",], [55, "04/18", 76 "01/18",]],
    index=restaurants,
    columns=inspections,
)
>> restaurant_inspections
```

inspection		0		1	
		score	date	score	date
restaurant	location				
Diner	(4, 2)	90	02/18	100	05/18
Pandas	(5, 4)	55	04/18	76	01/18

```
>> total = \
    restaurant_inspections.iloc[
        :,
        restaurant_inspections.columns.get_level_values("data") \
            == "score"
    ].count()
>> new_index = pd.DataFrame(
    total.values,
    columns=["total"],
    index=restaurant_inspections.index,
)
>> new_index.set_index("total", append=True, inplace=True)
>> restaurant_inspections.index = new_index.index
>> restaurant_inspections
```

inspection			0		1	
			score	date	score	date
restaurant	location	total				
Diner	(4, 2)	2	90	02/18	100	05/18
Pandas	(5, 4)	2	55	04/18	76	01/18

对于上述特定用例，这可能是使用这一 DataFrame 格式所能得到的最优结果。尽可能利

用多级索引和多列来压缩数据，并以这种方式组织 DataFrame 以实现尽可能快的计算。注意，这种特殊格式的主要缺点是需要一些小技巧才能将计数总数返回到索引，因此，这种解决方案的可读性较差。如果确定要采用该解决方案，那么需考虑创建两个自定义函数：一个函数是将数据置于索引中，另一个函数是将数据置于列中。这些函数将通过隐藏向 DataFrame 添加多级数据的具体细节来提高代码的可读性。

　　一旦确定了有意义的 DataFrame 具体格式，就可能需要将原始数据加载到 pandas 中，对其进行规范化，并将其转换为特定的 DataFrame 格式。在第 4 章中，将深入讨论 pandas 中的一些常见数据加载方法，并更详细地讨论所提供的规范化操作选项。

第**4**章
数据加载与规范化

原始数据有 CSV、JSON、SQL、HTML 等多种格式。pandas 提供了数据输入/输出函数，可将数据加载到 pandas 的 DataFrame 中，并将 DataFrame 中的数据输出转换为各种通用格式。本章将深入探讨某些输入函数，并讨论 pandas 提供的各种数据加载和规范化选项。

将数据加载到 pandas 的函数提供了强大的规范化和优化能力，可有效提高程序的性能，甚至达到能够判别数据加载到 pandas 与内存不足之间的关系。但是，每个输入函数都各不相同，实际上取决于所采用的输入/输出格式，因此非常有必要查看所用具体函数的说明文档。表 4-1 列出了 pandas 支持的各种输入/输出函数。

表 4-1　pandas 数据输入/输出函数

输入函数	输出函数
read_csv	to_csv
read_excel	to_excel
read_hdf	to_hdf
read_sql	to_sql
read_json	to_JSON
read_html	to_html
read_stata	to_stata
read_clipboard	to_clipboard
read_pickle	to_pickle

第 3 章讨论了执行数据规范化的几个关键理由：可节省内存并优化数据分析。通过选择与 C 语言兼容的数据类型，数据规范化操作可充分利用 Python 的字符串缓存或在 C 语言（而

不是 Python）下执行计算。作为数据加载过程的一部分，上述许多输入函数都提供了数据规范化方法的各种选项。大多数输入函数允许在加载过程中删除和指定各列的数据类型，而不是先加载占用较大内存的数据，然后再删除其中不必要的列或将列强制转换为较小的数据类型以减少加载后的内存占用。这意味着可在不耗尽内存的情况下加载更多数据，且使得数据加载和规范化过程更快，因为这是同时完成两个操作，而不是先依次加载数据然后再对其进行规范化。

由于需要分配和释放大量内存，导致创建和删除数据的操作可能代价很大。另外，将数据从一种类型转换为另一种类型（通常称为强制转换）代价也会很大，因为同样需要分配和释放大量内存。若需要大量内存，通常意味着未命中缓存，且在数据输入输出过程中花费大量时间将对象从距离 CPU 较远的内存移动到距离 CPU 较近的内存（例如，从主存移动到一级缓存）。因此，尽管可能认为内存与处理速度无关，但实际上会对运行时产生重要影响。

在这些输入函数中，pandas 通常会在加载数据时推断数据类型。虽然看起来这个功能很不错，应该经常使用，但对性能会有很大的负面影响。通常，正在加载的数据尚未进行规范化处理，数值列中可能包含非数值型的值，例如，强制推断的数据类型为对象类型，即占用内存最大的数据类型。许多数据加载函数允许指定列的数据类型，并将占位符的值转换为 NaN，以防止 pandas 推断出错误的数据类型。

pd.read_csv

pandas 中的 CSV 加载函数 pd.read_csv 是最常用的加载函数，也是迄今为止在数据规范化方面最完整的加载函数。鉴于 Python 标准库中提供了一个内置的 CSV 加载程序，因此 pandas 的加载函数具有一些特殊的 Python 特性，该函数具有两种不同的解析引擎：C 语言引擎和 Python 语言引擎。正如所预计的，C 语言引擎的性能要优于 Python 语言引擎，但根据所指定的选项，可能别无选择，只能采用 Python 语言引擎进行解析。因此，建议慎重选择具体选项以及为这些选项提供的值，以确保采用的是 C 语言解析引擎，从而获得尽可能好的负载性能。CSV 加载程序包含一个显式引擎参数，以允许强制解析引擎为 Python 或 C 语言。一种简单方法是在加载时始终显式指定该参数以确保 CSV 加载程序是采用 C 语言引擎进行解析。如果显式设置解析引擎为 "c"，而指定另一种 Python 特定解析器，则 CSV 加载程序会产生异常，表明特定的设置与 C 语言解析引擎不兼容，如列表 4-1 所示。

列表 4-1　当设置解析引擎为 "c" 且与其他设置不兼容时，read_csv 将产生 ValueError 错误。

```
>> data = io.StringIO(
    """
```

```
            id,age,height,weight
            129237,32,5.4,126
            123083,20,6.1,145
            """
    )
>> df = pd.read_csv(data, sep=None, engine='c')
       ValueError: the 'c' engine does not support sep=None
       with delim_whitespace=False
```

选择 C 语言解析引擎的另一个原因是可通过 float_precision 参数支持更高精度的浮点运算。一般来说，Python 解析引擎是采用双浮点精度型，而 C 语言解析引擎是利用自身的低级字符串转换为与 Python 引擎相当的十进制解析器。两者都可能会导致浮点舍入错误，如 –15.361 与–15.3610 不相等。然而，C 解析引擎还支持其他高精度和往返精度选项。如果希望浮点数尽量精确，则选择往返精度选项。这是浮点运算中的一个常见问题，因此，在处理财务数据时经常使用的另一种方法是将一个浮点数拆分为两个整数；一个整数表示小数点以上的数字，而另一个表示小数点以下的数字。

read_csv 函数的第一个参数是 filepath_or_buffer。通常，需在此确定 CSV 文件的路径，但需要注意的是，出于单元测试的目的和作为本章其余部分的示例，在此可在适当位置传递 StringIO 对象。例如，如果 CSV 文件是由第三方应用程序托管，那么也可接受 URL 路径。官方提供的相关说明文件如下[①]：

对于类文件对象，可通过 read()方法来引用对象，例如文件处理程序（如通过内置的 open 函数）或 StringIO。

这种类文件对象是另一种 Python 风格，通常称为 duck 类型。这一术语来源于谚语"*看起来像鸭子，走起来像鸭子，叫起来像鸭子，那就是鸭子。*"在本例中，如果有一个 read 方法，那说明这是一个类文件对象。正是由于也有一个 read 方法，因此 StringIO 可代替文件处理程序。在单元测试中，StringIO 是一种很好的替代方法，因为该方法可允许假设是一个文件，而实际上不必包含 test.csv 来验证加载程序是否按预期执行。

在 read_csv 中，提供了一个 sep 参数来指定用于描述数据的字符。默认是逗号符号。注意，sep 将任何长于一个字符的值（除\s+之外）都看作是正则表达式。在此使用复杂的分隔符可能会强制使用 Python 解析引擎而不是 C 语言引擎，为此，建议尽可能采用单字符分隔符，而不要指定复杂的正则表达式。另外，也可将参数 delim_whitespace 设为 True，来替代设置 sep= "\s+"，尤其是用于表示 whitespace 文件描述时。sep 参数也可设为 None，在这种情况下，将使用 Python 解析引擎并自动检测分隔符。参数 skipinitialspace 是用于忽略分隔符周围的空格。默认情况下，禁用该参数，因此如果文件中的分隔符之间有空格，则需将其设

---

① https://pandas.pydata.org/pandas-docs/stable/reference/api/pandas.read_hdf.html

置为 True。列表 4-2 展示了如何结合使用参数 sep 和 skipinitialspace 来配置非逗号分隔的数据加载。

列表 4-2　加载非逗号分隔数据。

```
>> data = io.StringIO(
    """
    id| age| height| weight
    129237| 32| 5.4| 126
    123083| 20| 6.1| 145
    """
)
>> pd.read_csv(data, sep="|", skipinitialspace=True)
    idageheightweight
    0129237325.4126
    1123083206.1145
```

参数 usecols 可缩小待加载数据列的列表。CSV 文件中可能存在一些无关紧要的列，因此一种有效方法是在加载时予以删除，而不是先加载完所有数据再进行删除。注意，参数 usecols 也可以是一个函数，其中列名是输入，而输出是一个表明在加载时是保留还是舍弃该列的布尔值。不过，作为函数使用并不太理想，因为需要在 C 语言解析引擎和自定义函数之间频繁调用，从而降低加载程序的执行速度。列表 4-3 给出了一个在加载过程中使用 usecols 删除 id 列和 age 列的示例。

列表 4-3　在数据加载时删除某些列。

```
>> data = io.StringIO(
    """
    id,age,height,weight
    129237,32,5.4,126
    123083,20,6.1,145
    """
)
>> pd.read_csv(data, usecols=["height", "age"])
    heightweight
    05.4126
    16.1145
```

参数 skiprows 允许跳过文件中的某些行。在最简单的应用形式中，可跳过执行一个文件中的前 n 行；另外，也可以通过指定欲忽略的索引列表来跳过特定的行。同时也可以是一个指定行索引的函数，如果跳过该行，则返回 True。注意，如果在此输入的是一个函数，则执行后果是将在 C 语言解析引擎和 Python 函数 skiprows 之间不停跳转，这可能会导致在解析大规模数据集时运行速度大幅下降。因此，建议将 skiprows 设为简单的整数值或列表值。

参数 skipfooter 用于指定在文件末尾处跳过的行数。由说明文档可知，C 语言解析引擎

4

Chapter

不支持此参数。由于 Python 引擎是使用 Python 的 CSV 解析器,因此先运行 CSV 解析器,然后删除文件的最后几行。如果深入分析这一问题,会发现这是有道理的:在未知文件包含多少行的情况下,解析器如何能知道要忽略哪些行(需要首先解析文件)?对于某些用户来说,这种特性可能有些令人惊讶,例如,在中断解析器执行并发现解析器仍试图解析在解析器中配置为忽略执行的那些行时,需积极尝试忽略文件中的行。如果在实际程序中遇到这种情况,nrows 是一个不错的选择。列表 4-4 展示了一个即使配置加载程序为忽略执行某一行,但仍产生解析错误的示例。

列表 4-4 使用 skipfooter 时产生解析错误。

```python
import pandas as pd
data = io.StringIO(
    """
    student_id, grade
    1045,"a"
    2391,"b"
    8723,"c"
    1092,"a"
    """
)
try:
    grades = pd.read_csv(
        data,
        skipfooter=1,
    )
except pd.errors.ParserError as e:
    pass
```

参数 comment 用于指定表示注释的字符,该字符之后的其余行将忽略执行。这是一种在解析之前手动过滤某些行的好方法。如果已注释该行,那么就不会包含在数据集中。另外,也可以考虑设置 error_bad_lines 为 False。注意,默认情况下,对于每个有问题的行,pandas 也会发出警告,因此,如果希望禁用警告,则可将 warn_bad_lines 设为 False。

默认情况下,数据头或列名可由 read_csv 推断,数据的第一行视为数据头。如果数据包含多列,可通过参数 header 指定将哪些行号视为列。同理,使用参数 index_col,可通过列索引指定哪些列将看作是多索引的一部分。在列表 4-5 中,使用 pandas 中的 to_csv 函数将多索引多列 DataFrame 转存到一个 CSV 文件中。该数据包含了 nightshades 所属科和所属种的信息。其中,索引为所属科和所属种的 id,而列中包含的是实际名称。这里,前两行包含多列数据,因此 header 设为[0,1],且前两行是多索引,因此 index_col 设为[0,1]。

列表 4-5 加载多索引多列 DataFrame 的示例。

```python
>> data = io.StringIO(
    """
```

```
    family,,nightshade,nightshade,nightshade
    species,,tomatoe,deadly-nightshade,potato
    family_id,species_id,,,
    61248,129237,1,0,0
    61248,123083,0,1,0
    61248,123729,0,0,1
    """
)
>> df = pd.read_csv(data, header=[0,1], index_col=[0,1])
    family            nightshade
    species           tomatoes   deadly-nightshade   potato
    family_id  species_id
    61248      12937    1          0                  0
    61248      123083   0          1                  0
    61248      123729   0          0                  1
```

如果启用了参数 squeeze，在 CSV 文件中只有一列时，read_csv 将返回一个序列，而不是 DataFrame。这在需要从多个源加载数据并将其合并到单个 DataFrame 中时，会非常有用。如果将数据加载到一个序列中，只需将其作为一个新列添加到现有 DataFrame 中，如列表 4-6 所示。

列表 4-6   squeeze 应用示例。

```
import pandas as pd
site_data = pd.read_csv('site1.csv')
site_data['site2'] = pd.read_csv('site2.csv', squeeze=True)
```

参数 dtype 允许对每一列数据指定一种类型。如果未指定，read_csv 将尝试推断数据类型，通常会推断数据类型是一个内存占用最大的对象类型。在加载期间指定数据类型能够极大地提高性能，但这也意味着必须在加载时了解数据集中的各列。如果在查看数据之前对数据情况一无所知，可以考虑首先加载数据的头或使用 nrows 加载前几行，识别列的数据类型，然后通过指定适当的数据类型来加载整个数据文件。

列表 4-7   加载时未指定列数据类型的示例。

```
>> data = io.StringIO(
    """
    id,age,height,weight
    129237,32,5.4,126
    123083,20,6.1,145
    """
)
>> df = pd.read_csv(data, index_col=[0])
             age      height       weight
    id
    129237   32       5.398438     126
```

```
        123083      20        6.101562      145
>> df.memory_usage(deep=True)
    Index       16
    age         16
    height      16
    weight      16
>> df.dtypes
    age         int64
    height      float64
    weight      int64
>> df.index.dtype
    dtype('int64')
```

列表 4-7 给出了一个在未指定各列数据类型的情况下加载数据的示例。注意，所有数据类型都是占用 8 个字节，且默认为尽可能大的 int 型和 float 型，而在列表 4-8 中，所占用的内存要少得多。本例中只有两行数据，但仅对这两行数据指定各列的数据类型，就将 DataFrame 占用的内存减少了一半以上。

列表 4-8 加载时指定各列数据类型的示例。

```
>> data = io.StringIO(
    """
    id,age,height,weight
    129237,32,5.4,126
    123083,20,6.1,145
    """
)
>> df = pd.read_csv(
    data,
    dtype={
        'id': np.int32,
        'age': np.int8,
        'height': np.float16,
        'weight': np.int16},
    index_col=[0],
)
                age       height        weight
    id
    129237      32        5.398438      126
    123083      20        6.101562      145
>> df.memory_usage(deep=True)
    Index       16
    age         2
    height      4
    weight      4
>> df.dtypes
```

```
        age         int8
        height      float16
        weight      int16
>> df.index.dtype
        dtype('int64')
```

converters 参数允许指定一个函数来转换特定列中的值，如列表 4-9 所示。例如，如果一列中有表示同一值的多个值，且希望将其规范化为单个值，那么这就是一个很好的规范化特性。然而，这是有代价的。因为这些函数是由 Python 编写的，所以 C 引擎必须在 C 语言和 Python 之间进行调用来转换各个值，这使得在处理大规模数据集时非常耗时。因此，在加载过程对数据进行规范化处理时，由于需要在 C 和 Python 之间不断切换以实现每列中各个值的转换，因此导致加载数据更慢。在这种情况下，使用 Apply-Cython 实现能够更有效地转换列值，从而在 C 语言中快速完成转换，避免来回跳转。关于如何在 Cython 中实现 apply，详见第 6 章。

列表 4-9　数据加载过程中通过 converter 规范化数值。

```
import pandas as pd
MEDICATIONS_MAPPER = {"atg": "atg", "aftg": "atg", "bta": "bta"}
def medication_converter(value):
        return MEDICATIONS_MAPPER[value.lower()]
data = io.StringIO(
        """
        id,age,height,weight,med
        129237,32,5.4,126,bta
        123083,20,6.1,145,aftg
        """
)
>> treatments = pd.read_csv(
        data,
        converters={'med': medication_converter},
)
        id          age     height      weight      med
        129237      32      5.4         126         bta
        123083      20      6.1         145         atg
```

参数 nrows 用于指定从文件中读取的行数。但可能不是很直观之处在于，若使用 Python 解析引擎，nrows 实际上仍会读取数据行。这是因为 Python 解析引擎首先会读取整个文件。这就意味着如果在从文件中读取行数之后的代码行存在解析错误，那么在运行 Python 解析引擎时，将无法通过参数 nrows 来避免这些错误。由于 Python 解析引擎会首先读取整个文件，因此即使设置 CSV 加载程序不要读取这些行，但仍会在这些行上产生解析错误。综上，这是避免使用 Python 解析引擎的另一个原因，特别是在采用上述设置时。另一方面，值得注意的是，即使采用 C 解析引擎，skipfooter 实际上也会读取页脚行。这只是因为要将其识别为文件的页脚，则必须读取该行并直到文件末尾处才能将其识别为页脚。列表 4-10 给出了一个示例，表明如何使用 nrows 和 C 解析引擎来避免可能导致解析错误的行。

列表 4-10　使用 nrows 以避免产生解析错误。

```
import pandas as pd
data = io.StringIO(
    """
    student_id, grade
    1045,"a"
    2391,"b"
    8723,"c"
    1092,"a"
    """
)
grades = pd.read_csv(
    data,
    nrows=3,
)
```

参数 nrows 与 skiprows 和 header 相结合，有利于将文件分块读入内存并进行处理，然后再读取下一个块。这对于因内存限制而无法一次性读取所有数据的大规模数据集尤其有用。列表 4-9 展示了这样一个示例。注意，process 是一个封装了 read_csv 的函数。具体是从 read_csv 获取加载的数据，并对其进行处理，以减少内存占用和/或实现规范化（超出 read_csv 的能力），并返回结果以连接其余数据。在列表 4-11 中，加载前 1000 行，在完成处理后，用于初始化数据。然后继续按行读取，一次处理 1000 行，直到待读取的行数少于 1000 行。一旦读取的少于 1000 行，则可知已读取完整个文件，然后退出循环。

列表 4-11　读取文件并一次处理 nrows 行以减少内存开销。

```
import pandas as pd
ROWS_PER_CHUNK = 1000
data = process(pd.read_csv(
    'data.csv',
    nrows=ROWS_PER_CHUNK,
))
read_rows = len(data)
chunk = 1
while chunk * ROWS_PER_CHUNK == read_rows:
    chunk_data = process(pd.read_csv(
        'data.csv',
        skiprows=chunk * ROWS_PER_CHUNK,
        nrows=ROWS_PER_CHUNK,
        header=None,
        names=data.columns,
    ))
```

```
read_rows += len(chunk_data)
data = data.append(process(chunk_data), ignore_index=True)
```

参数 iterator 与 chunksize 相结合也可允许类似列表 4-11 进行分块读取数据。同理，出于性能方面的考虑，这种操作也是必要的。或许由于待读取的数据无法通过 read_csv 以较小的内存占用空间读入，只有在数据加载后进行必要的规范化处理，才能占用较小的内存空间，这意味着尽管由于生成的 DataFrame 太大，而无法通过 read_csv 一次性将所有数据全部读取到内存中，但可以一次读取一个数据块，并减少每个数据块占用的内存，从而使得内存足以容纳所生成的 DataFrame。注意，如果是一次性读取整个文件数据块，则使用 iterator 和 chunksize 要优于 nrows 和 skiprows，这是因为这样能够保证在正确的位置打开文件，而不是不断地重复打开文件并移动到下一位置。列表 4-12 给出了一个演示示例。

列表 4-12　分块读取文件以减少内存开销。

```
import pandas as pd
ROWS_PER_CHUNK = 1000
data = pd.DataFrame({})
reader = pd.read_csv(
    'data.csv',
    chunksize=ROWS_PER_CHUNK,
    iterator=True
)
for data_chunk in reader:
    processed_data_chunk = process(data_chunk)
    data = data.append(processed_data_chunk)
```

在使用 C 语言解析引擎情况下，默认为 True 的参数 low_memory 实际上已对文件进行了分块处理以节省内存。但是，read_csv 的选项限制了对每个数据块的处理，因此，在某些情况下，对数据库手动自定义迭代处理可能会更好。

pandas 中的 read_csv 函数还提供了一个 memory_map（内存映射）选项。在该选项设置为 True 且提供了文件路径时，可将文件直接映射到虚拟内存中，并在此直接访问数据。由于不再需要任何 IO 开销来等待将下一个文件块加载到内存中，因此使用该选项可提高性能。通常，内存映射文件的访问速度更快，这是因为程序是存储在内存，且内存已映射在页面缓存中，因此无需动态加载。实际上，在从头到尾连续加载文件的典型用例中，内存映射文件通常不会具有太多性能优势。如果出现大量缓存未命中的情况，意味着通常加载到高速缓存（更靠近 CPU 的内存）中的文件数据不存在，而必须从主存中加载，这可能会提高性能。如果在有其他程序同时运行时，其内存已添加到高速缓存中，而在缓存中删除文件数据，则可能会导致缓存未命中。有关存储器层次结构和高速缓存未命中的详细说明，参见第 8 章。如果在程序执行过程中需多次读取文件，或程序定期运行但不希望每次运行时都必须将同一文件加载到内存中，那么上述操作可能也会改善性能。因此，尽管该功能貌似可以大大提高处理速度，但实际情况是，除非不是执行标准的文件读取工作流程，否则不太可能执行上述操作。

参数 na_values 允许指定解释为非数字（即 NaN）的值。NaN 数据类型来自于 NumPy，回顾第 2 章可知，这是 pandas 的依赖项。在 NumPy 中，NaN 通常用作由无效计算（如被 0 除）所得值的占位符。需要注意的是，默认情况下，pandas 会自动将 Nan 或 nan 等字符串解释为 NaN 类型。例如，如果在处理数据时，Nan 或 nan 实际上表示有效数据，那么这种自动解释就可能会出现问题。这正是参数 keep_default_na 的用武之地。设置参数 keep_default_na 为 False，将取消 pandas 中对某些 NaN 值的自动解释。

若设置参数 na_filter 为 False，则将完全禁用对 NaN 的检查，而且，根据说明文档所述，在确定数据中肯定不存在 NaN 时，这会提高性能。另一方面，参数 na_values 还可指定除希望转换为 NaN 的默认集之外的其他值。

在使用 Python 解析引擎时，参数 verbose 可输出每列中包含 NaN 值的个数，而在使用 C 语言解析引擎时，可解析性能指标。pandas 文档表明，可显式输出非数值列中的 NaN 值。但这可能有点不准确，因为是否为非数值型是在解析引擎运行时确定的，而不是根据生成的 DataFrame 中列的最终类型。在解析时任何包含 NaN 的列都被视为非数值列，即使该列的类型最终是数值型（例如，下例中的 float64 型）。Python 解析器必须解析列中的所有值，然后在指定为最终类型之前将其正确转换为 NaN 型。这意味着在指定列的最终类型之前，在解析过程中会对 NaN 值计数。具体如列表 4-13 所示。

列表 4-13　在数值列中 NaN 计数异常。

```
>> import pandas as pd
>> data = io.StringIO(
    """
    student_id,grade
    1045,"a"
    2391,"b"
    ,"c"
    1092,"a"
    """
)
>> grades = pd.read_csv(
    data,
    verbose=True,
    index_col="student_id",
    engine='python',
)
    Filled 1 NA values in column student_id
>> grades
```

```
                grade
    student_id
    1045        a
    2391        b
    NaN         c
    1092        a
>> grades.index.dtype
    dtype('float64')
```

pandas 中的 read_csv 在处理占位符类型时存在的局限性是，不能指定 converter 将 NaN 转换为 0，也不能将列强制转换为特定的 dtype。列表 4-14 展示了可能会进行类似处理的情况。数据集中的 weight 列并不总是有值，输入非值的方式也不一致。有时值为空，有时是"未知"。如果不指定该列的类型，而让 pandas 进行推断，则 pandas 会将列值存储为对象类型，意味着其中包括整数、NaN 和字符串。注意，示例中对象类型的每个元素占用 32 个字节，且有一些额外开销。这远远超过了每个元素仅占用 2 个字节的 int16 型。最终生成的 DataFrame 不仅占用更多内存，而且在此状态下也无法执行计算。例如，由于有些值是对象，因此对列中的所有权重求和可能是字符串相加而不是整数相加。因此，在这种情况下，让 pandas 来自行推断数据类型并不合理。

列表 4-14　pandas 默认处理 NaN 示例。

```
>> data = io.StringIO(
    """
    id,age,height,weight
    129237,32,5.4,126
    123083,20,6.1,
    123087,25,4.5,unknown
    """
)
>> df = pd.read_csv(
    data,
    dtype={
        'id': np.int32,
        'age': np.int8,
        'height': np.float16},
    index_col=[0],
)
                age     height      weight
    id
    129237      32      5.398438    126
    123083      20      6.101562    NaN
    123083      20      6.101562    unknown
>> df.memory_usage(deep=True)
    Index       24
```

```
        age        3
        height     6
        weight     155
>> df.dtypes
        age        int8
        height     float16
        weight     object
>> df.index.dtype
        dtype('int64')
```

与其让 pandas 推断数据类型，不如通过 na_values 将所有占位符的值转换为 NaN。尽管理想情况下，我们希望它们是 int16 型，但 float16 型占用的内存相同，且 pandas 支持将 NaN 存储为 float 型，但不支持在加载过程中作为整型存储，因此将 weight 列的 dtype 设置为 float16 型。注意，如果不指定 dtype，将会是 float64 型。如果确实需要是整型，则可以使用 fillna 将 NaN 替换为零，并在加载后使用 astype 进行转换，如列表 4-15 所示。

列表 4-15 加载过程中利用 na_values 和 dtype 将 placeholder 值转换为 float16 型 NaN 的示例。

```
>> data = io.StringIO(
    """
    id,age,height,weight
    129237,32,5.4,126
    123083,20,6.1,
    123087,25,4.5,unknown
    """
)
>> df = pd.read_csv(
    data,
    dtype={
        'id': np.int32,
        'age': np.int8,
        'height': np.float16,
        'weight': np.float16},
    na_values={"unknown"},
    index_col=[0],
)
                age        height        weight
    id
    129237      32         5.398438      126
    123083      20         6.101562      NaN
    123083      20         6.101562      NaN
>> df.memory_usage(deep=True)
    Index       16
    age         3
```

```
    height          6
    weight          6
>> df.dtypes
    age             int8
    height          float16
    weight          float16
>> df.index.dtype
    dtype('int64')
>> df["weight"].fillna(0, inplace=True)
>> df["weight"] = df["weight"].astype(np.int16)
>> df
                age         height          weight
    id
    129237      32          5.398438        126
    123083      20          6.101562        0
    123083      20          6.101562        0
>> df.memory_usage(deep=True)
    Index           16
    age             3
    height          6
    weight          6
>> df.dtypes
    age             int8
    height          float16
    weight          int16
```

  在使用 C 语言解析引擎时，在 verbose 模式下输出的解析性能指标有助于确定解析引擎在何处花费时间。列表 4-16 给出了一个示例的输出结果。Tokenization 是指解析器将数据分解为单个值所用的时间，Type conversion 是将每一列转换为特定类型所用的时间，无论该类型是由 pandas 自行推断还是显式指定，而 Parser memory cleanup 是指在读取数据后释放所有不再需要的内存所用的时间。根据这些值，可表明需要改进的地方，例如，如果 Tokenization 所用的时间很长，则可以通过指定其他选项（如，如何解释引号、空格、错误行等）来提高性能。如果在 Type conversion 上花费了大量时间，则可能表明一些自定义的转换器导致转换过程较慢，或者可能需要指定 dtype 而不是由 pandas 来推断。如果发现在内存清理上花费了很多时间，那么可能不需要一次性解析整个文件，或者可能由于数据转换过多而导致很多内存重复，由此需要清理大量内存。

  列表 4-16　在 C 语言解析引擎下以 verbose 模式运行的结果示例。

```
>> grades = pd.read_csv(verbose=True, engine='c')
    Tokenization took: 0.01 ms
    Type conversion took: 0.45 ms
    Parser memory cleanup took: 0.01 ms
```

  如果将参数 parse_dates 设置为 True，则尝试自动检测具有日期格式字符串的列，并将其转换为 datetime 对象。但是，与其将该参数设置为 True，还不如显式列出应该转换为 datetime 对象的列。该参数允许显式指定要以列表形式转换的列，甚至在将列指定为列表时，可将多个列合并为一个 datetime 对象。列表 4-17 给出了一个显式指定待转换列的示例。注意，尽管每个 datetime 对象占用 8 个字节，但这与根本不进行转换相比，所占用的内存仍要少得多。

列表 4-17　显式转换特定列为 datetime 对象。

```
>> data = io.StringIO(
    """
    id,birth,height,weight
    129237,04/10/1999,5.4,126
    123083,07/03/2000,6.1,150
    123087,11/23/1989,4.5,111
    """
)
>> df = pd.read_csv(
    data,
    dtype={
        'id': np.int32,
        'height': np.float16,
        'weight': np.int16},
    parse_dates = ["birth"],
    index_col=[0],
)
              birth          height        weight
    id
    129237    1999-04-10     5.398438      26
    123083    2000-07-03     6.101562      150
    123083    1989-11-23     6.101562      111
>> df.memory_usage(deep=True)
    Index 24
    birth 24
    height 6
    weight 6
>> df.dtypes
    age           int8
    height        float16
    weight        datetime64[ns]
>> df.index.dtype
    dtype('int64')
```

值得注意的是，列表 4-17 是假设该列中没有 NaN 或占位符值。如果有的话（如列表 4-18 所示），则必须指定 na_values 以将所有占位符值转换为 NaN；否则，该列将是一个对象类型而不是 datetime，因为占位符值将保留为字符串。

列表 4-18 显式转换特定列为 datetime 对象并处理 NaN。

```
>> data = io.StringIO(
    """
    id,birth,height,weight
    129237,04/10/1999,5.4,126
    123083,unknown,6.1,150
    123087,11/23/1989,4.5,111
    """
)
>> df = pd.read_csv(
    data,
    dtype={
        'id': np.int32,
        'height': np.float16,
        'weight': np.int16},
    parse_dates=["birth"],
    na_values=["unknown"],
    index_col=[0],
)
              birth        height        weight
    id
    129237    1999-04-10   5.398438      26
    123083    NaT          6.101562      150
    123083    1989-11-23   6.101562      111
>> df.memory_usage(deep=True)
    Index    24
    birth    24
    height   6
    weight   6
>> df.dtypes
    age      int8
    height   float16
    weight   datetime64[ns]
>> df.index.dtype
    dtype('int64')
```

一般来说，从性能角度来看，使用 parse_dates 的便利性与性能是矛盾的。转换日期需要花费时间，且日期转换后，数据类型又不能转换为 C 语言类型。为此，建议将 datetime 转换为 epoch 以来的时间，或者如果可能的话，将其转换为简单的可翻译为 C 语言类型的数值。如果需要处理特定的日期、月份和年份，甚至可将其分别存储在单独的列中。

read_csv 中包含许多其他日期特定的参数。默认情况下，启用 infer_datetime_format 参数，因此，pandas 会尽可能尝试自动推断任何 datetime 值的格式。相关文档表明，在某些情况下，当能够检测和使用特定的日期解析格式时，解析速度可提高 5～10 倍。若参数 keep_date_col 设置为 True，则在 parse_dates 指定应将多个日期列组合在一起时，该参数将会同时保留组合列和原始的单独日期列。使用参数 date_parser 可指定日期解析函数。说明文档表明现有几种不同的方式调用此函数，包括在每行调用一次或一次输入所有行和列。由于该函数是在 C 语言和 Python 语言之间切换，因此调用次数减少越好。这意味着最好是使得该函数能够对所有 datetime 行和列进行操作并输出 datetime 实例数组。这个函数可以是现有的解析器（默认为 dateutil.parser.parser），也可以是一个自定义函数。如果需要进行特殊的时区处理或需要以特殊 datetime 格式来存储数据，那么该函数可能会很有用。并非所有国家/地区都规定"日"在"月"之前，因此 pandas 提供了 dayfirst 参数来指定在解析日期时"日"是否在前。默认情况下启用的参数 cache_dates 是将转换后的日期保存在一个查找表缓存中，以便同一日期在数据集中多次出现时，不必再次进行转换，而只需调用高速缓存的值即可。

参数 escapechar 允许转义某些字符。例如，在大多数编程语言中，常用的转义字符是反斜杠（\），因此可能需要用\"转义引号内的某些引号字符，或用\,转义元素分隔符。一个用例如列表 4-19 所示。如果一个国家的温度记录值是用逗号作为小数点分隔符，同时逗号也作为 CSV 元素分隔符，则 read_csv 将无法由默认配置来解析文件，同时会产生解析错误："pandas.errors.ParserError: Error tokenizing data. C error: Expected 2 fields in line 5, saw 3"。相反，如果用反斜杠字符来转义所有分隔小数点的逗号（\,），那么可以通过这种方式配置 read_csv 以正确解析数据。

列表 4-19 用逗号作为分隔符和小数点。

```
>> import pandas as pd
>> data = io.StringIO(
    """
    temp, location
    35,234unf923
    32,2340inf012
    33,2340inf351
    33\,1,2340abe045
    """
)
>> grades = pd.read_csv(
    data,
    decimal=",",
    escapechar="\\",
    index_col="location",
)
```

	temp
location	
234unf923	35.000000
2340inf012	32.000000
2340inf351	33.000000
2340abe045	33.100000

pd.read_json

read_json 加载程序完全是在 C 语言下解析，而不像 read_csv 在某些条件下可能会使用 Python 解析器。

参数 orient 定义了如何将 JSON 格式转换为 pandas 下的 DataFrame。现有六种不同选项：拆分、记录、索引、列、值和表。如果 JSON 的格式为包含列、数据和定义为键的索引，如列表 4-20 所示，则应使用 split 选项。值得注意的是，JSON 解析器对包含空格在内的间距特别敏感。

列表 4-20　orient 中的 split 应用。

```
>> data = io.StringIO(
    """
    {
        "columns": ["temp"],
        "index": ["234unf923", "340inf351", "234abe045"],
        "data": [[35.2],[32.5],[33.1]],
    }
    """
)
>> temperatures = pd.read_json(
    data,
    orient="split",
)
                    temp
    234unf923       35.200000
    340inf351       32.500000
    234abe045       33.100000
```

如果 JSON 的格式是每个值都是以列名为键的一行数据，如列表 4-21 中所示，那么应该使用 records 选项。

列表 4-21　orient 中的 records 应用。

```
>> data = io.StringIO(
    """
```

4
Chapter

```
    [
        {"location": "234unf923", "temp": 35.2},
        {"location": "340inf351", "temp": 32.5},
        {"location": "234abe045", "temp": 33.1},
    ]
    """
)
>> temperatures = pd.read_json(
    data,
    orient="records",
)
        location      temp
        234unf923     35.200000
        340inf351     32.500000
        234abe045     33.100000
```

如果 JSON 的格式是每个键都是索引值，每个键的值都是行值和列值字典，如列表 4-22 所示，那么应该使用 index 选项。

列表 4-22　orient 中的 index 应用。

```
>> data = io.StringIO(
    """
    {
        "234unf923": {"temp": 35.2},
        "340inf351": {"temp": 32.5},
        "234abe045": {"temp": 33.1},
    }
    """
)
>> temperatures = pd.read_json(
    data,
    orient="index",
)
                    temp
        234unf923    35.200000
        340inf351    32.500000
        234abe045    33.100000
```

如果 JSON 的格式是每个键为一列，每个值都是键为索引，值为列值的字典，如列表 4-23 所示，那么应该使用 columns 选项。

列表 4-23　orient 中的 columns 应用。

```
>> data = io.StringIO(
    """
    {
        "temp": {
```

```
            "234unf923": 35.2,
            "340inf351": 32.5,
            "234abe045": 33.1,
        },
    }
    """
)
>> temperatures = pd.read_json(
    data,
    orient="columns",
)

                    temp
    234unf923       35.200000
    340inf351       32.500000
    234abe045       33.100000
```

如果 JSON 的格式是每一行都简单地表示为一个值的列表，如列表 4-24 所示，那么应该使用 values 选项。

列表 4-24　orient 中的 values 应用。

```
>> data = io.StringIO(
    """
    [
        ["234unf923", 35.2],
        ["340inf351", 32.5],
        ["234abe045", 33.1],
    ]
    """
)
>> temperatures = pd.read_json(
    data,
    orient="values",
)
            0               1
    0       234unf923       35.200000
    1       340inf351       32.500000
    2       234abe045       33.100000
```

如果 JSON 的格式是提供了一个详细的数据模式，如列表 4-25 所示，那么应该使用 table 选项。

列表 4-25　orient 中的 table 应用。

```
>> data = io.StringIO(
    """
    {
        "schema": {
```

```
                "fields": [
                        {"name": "location", "type": "string"},
                        {"name": "temp", "type": "string"},
                ],
                "primaryKey": "location",
        },
        "data": [
                {"location": "234unf923", "temp": 35.2},
                {"location": "340inf351", "temp": 32.5},
                {"location": "234abe045", "temp": 33.1},
        ]
    }
    """
)
>> temperatures = pd.read_json(
    data,
    orient="table",
)
                  temp
    location
    234unf923     35.200000
    340inf351     32.500000
    234abe045     33.100000
```

与 read_csv 类似，read_json 也具有允许分块读取文件的 chunksize。但只有 lines 选项设置为 True 时，才允许这种读取形式，这意味着 JSON 格式是以无列表括号的记录来定向的。具体如列表 4-26 所示。

列表 4-26　分块加载文件。

```
>> data = io.StringIO(
    """
    {"location": "234unf923", "temp": 35.2}
    {"location": "340inf351", "temp": 32.5}
    {"location": "234abe045", "temp": 33.1}
    """
)
>> temperatures = pd.DataFrame({})
>> reader = pd.read_json(
    data,
    lines=True,
    chunksize=2,
)
>> for chunk in reader:
    temperatures = temperatures.append(process(chunk))
>> temperatures
    location          temp
```

234unf923	35.200000
340inf351	32.500000
234abe045	33.100000

默认情况下，与查看值的其他 reader 不同，JSON 加载程序是根据列名来确定某些列是否类似于日期。该程序具有一个可以是列名列表或布尔值的 convert_dates 参数。如果该参数设置为 True，则会将以_at 或_time 结尾，以时间戳开头，命名为 modified 或 date 的列转换为 datetime。若要禁用自动检测 date 列，可将 keep_default_dates 设置为 False。

默认情况下，除非 orient 设为 table，否则 JSON 加载程序将尝试推断每个列和轴的类型，在这种情况下，数据类型是作为 JSON 模式的一部分而提供的。如同读取一个 CSV 文件，如果在 JSON 文件中未指定类型，则会节省大量内存。列表 4-27 给出了在未指定数据类型的情况下加载 JSON 文件的内存占用大小，而列表 4-28 显示了加载指定类型的同一 JSON 文件的内存占用大小。注意，在列表 4-28 中显式指定类型的情况下，最终 DataFrame 的内存减少了约 40％。

列表 4-27   在由 pandas 推断类型的条件下加载 JSON。

```
>> data = io.StringIO(
    """
    {
        "birth": {
            "129237": "04/10/1999",
            "123083": "05/18/1989",
        },
        "height": {
            "129237": 5.4,
            "123083": 6.1,
        },
        "weight": {
            "129237": 126,
            "123083": 130,
        },
    }
    """
)
>> patient_info = pd.read_json(
    data,
    orient="columns",
)
                birth        height      weight
    129237      04/10/1999   5.4         126
    123083      05/18/1989   6.1         130
>> df.dtypes
    birth        object
```

```
    height          float64
    weight          int64
>> df.index.dtype
    dtype('int64')
>> df.memory_usage()
    Index           16
    birth           16
    height          16
    weight          16
```

列表 4-28 加载 JSON 文件时显式指定数据类型。

```
>> data = io.StringIO(
"""
{
    "birth": {
        "129237": "04/10/1999",
        "123083": "05/18/1989",
    },
    "height": {
        "129237": 5.4,
        "123083": 6.1,
    },
    "weight": {
        "129237": 126,
        "123083": 130,
        },
    }
    """
)
>> patient_info = pd.read_json(
    data,
    orient="columns",
    convert_dates=["birth"],
    dtype={"height": np.float16, "weight": np.int16},
)
                birth           height          weight
    129237      1999-04-10      5.4             126
    123083      1989-05-18      6.1             130
>> df.dtypes
    birth           datetime64[ns]
    height          float16
    weight          int16
>> df.index.dtype
    dtype('int64')
>> df.memory_usage()
    Index           16
```

birth	16
height	4
weight	4

pd.read_sql, pd.read_sql_table, and pd.read_sql_query

pandas 中的 read_sql 加载程序是对 read_sql_table 和 read_sql_query 的封装。根据输入的参数，调用这两个底层函数之一。另外，还内置对 SQLAlchemy 的支持。

SQLAlchemy 是一个常用的对象关系映射程序库，也称为 ORM。pandas 中的 SQL reader 还支持直接访问 DBAPI，DBAPI 是 SQLAlchemy 所依赖的一个底层数据库的软件库。尽管 DBAPI 仅限于 SQLite3，但 SQLAlchemy 可访问各种关系数据库，因此在切换数据库时无需重写所有 SQL 查询语句。由于允许将数据库表映射到 Python 中的对象或类，因此 ORM 在应用程序开发领域得到广泛应用。这样就有利于在代码库中跟踪数据库表的定义。可以将数据库表定义为类，然后使用简单的命令将其添加到数据库中。还可以使用诸如 Alembic 之类的迁移软件库通过迁移脚本来修改现有的数据库表，这些迁移软件库能够向前和向后回滚数据库的更改，而几乎不会发生不可恢复的实际数据库的故障风险。建立表定义时，还可以指定诸如 Python 和数据库之间的列类型转换之类的功能。另外，SQLAlchemy 还可以将 SQL 查询抽象为易于参数化表示的更具可读性的查询语言，如列表 4-29 所示。

列表 4-29　通过原始 SQL 字符串查询和 SQLAlchemy ORM 来生成查询。

```
cur.execute(
    """
    SELECT * FROM temperature_readings
    WHERE temperature_readings.temp > 45
    """
)
session.query(TemperatureReadings).filter(
    temp > 45
)
```

列表 4-30 展示了如何构建数据库并插入数据的示例。在本例中，创建了一个包含 id 列和 name 列的用户表，并在表中插入一个 id 为零，名称为 Eric 的新用户。注意，代码中定义了两个不同的 URL，一个正在使用的 URL 连接到 sqlite，另一个连接到本地 Postgres 数据库实例。

列表 4-30　在 Postgres 数据库中创建表并利用 SQLAlchemy 在表中添加数据。

```
from sqlalchemy import create_engine
from sqlalchemy.orm import sessionmaker
from sqlalchemy import Column, Integer, String
```

```
from sqlalchemy.ext.declarative import declarative_base
Base = declarative_base()
SQLITE_URL = "sqlite://"
POSTGRES_URL = "postgresql://postgres@localhost:5432"
class User(Base):
    __tablename__ = 'user'
    id = Column(Integer, primary_key=True)
    name = Column(String(50))
engine = create_engine(SQLITE_URL)
Session = sessionmaker(bind=engine)
def create_tables():
    Base.metadata.create_all(engine)
def add_user():
    session = Session()
    user = User(id=0, name="Eric")
    session.add(user)
    session.commit()
    session.close()
>> create_tables()
>> add_user()
```

列表 4-31 提供了一个简单的 docker-compose.yml 文件，用于利用列表 4-32 中的命令在计算机上启动一个 Postgres 本地数据库。注意，该数据库配置为将数据写入磁盘，以便可以随时终止 docker 容器，且数据保留在 postgres-data 文件夹中，在下次启动 docker 容器时确保数据不变。

列表 4-31   创建 Postgres 本地数据库的 docker-compose.yml 文件。

```
version: '3'
services:
    postgres:
        image: postgres:9.4-alpine
        ports:
            - '127.0.0.1:5432:5432'
        volumes:
            - ./postgres-data:/var/lib/postgresql/data
```

列表 4-32   启动 Postgres 数据库。

```
>> docker-compose up -d
```

SQL 加载程序通常可根据一条查询语句加载整个表或表的一部分。尽管 SQL 加载程序可调用 SQLAlchemy 引擎，但仅接受 select 语句，而不接受查询对象。这意味着尽管可以使用 SQLAlchemy 的查询 API，但在输入到加载程序之前，必须将其转换为可接受的形式，如列表 4-34 所示。可选择的本质上是原始 SQL 查询字符串。列表 4-33 给出了一个表明如何将数据库中的所有用户数据加载到 DataFrame 中的示例,而列表 4-34 则是如何将 id = 0 的用户加载到 DataFrame 中。

列表 4-33　使用 read_sql 将所有用户加载到 DataFrame 中。

```
>> pd.read_sql(
      sql=User.__tablename__,
      con=engine,
      columns=["id", "name"],
)
      id    name
0     0     Eric
```

列表 4-34　使用 read_sql 将 id=0 的用户加载到 DataFrame 中。

```
>> select_user0 = session.query(Patient).filter_by(id=0).
      selectable
>> pd.read_sql(
      sql=select_user0,
      con=engine,
      columns=["id", "name"],
)
      id    name
0     0     Eric
```

　　SQL 加载程序具有与之前已介绍过的其他加载程序类似的选项,例如,在 time 或 datetime 转换时加载数据块。不过也有一些不同之处。与之前介绍的其他一些加载程序不同,SQL 加载程序没有用于指定数据类型的选项。对于使用数据库的 pandas 用户来说,这通常会给使用数据库的 pandas 用户带来一个问题,因为用户可能会将数据的规范化版本存储在数据库中,然后希望再将数据加载回去,结果发现数据类型不同。如果遇到这种情况,SQLAlchemy 和一些自定义的加载代码会有所帮助。SQLAlchemy 提供了一个自定义数据类型选项,允许在数据库类型和 Python 类型之间进行转换。正如在未显式指定类型的其他加载程序中那样,pandas 会将 id 列存储为 int64 型。列表 4-35 给出了一个示例,说明如何将 id 整数列的 Python 类型指定为 int32 型,而不是更通用且较大的整型。通过这个表定义,现在在添加一个用户时,id 将作为整数存储在数据库中,但在读出时,将是 NumPy 的 int32 型。

列表 4-35　使用 SQLAlchemy 的 TypeDecorator 来指定 pandas 中的数据类型。

```
from sqlalchemy import Column, String
from sqlalchemy.ext.declarative import declarative_base
import sqlalchemy.types as types
import numpy as np
Base = declarative_base()
class Int32(types.TypeDecorator):
```

```
        impl = types.Integer
        def process_bind_param(self, value, dialect):
            return value
        def process_result_value(self, value, dialect):
            return np.int32(value)
    class User(Base):
        __tablename__ = 'user'
        id = Column(Int32, primary_key=True)
        name = Column(String(50))
```

列表 4-36 给出了 read_sql 的内部实现代码段，其中 self.pd_sql 是 SQLAlchemy 引擎对象，sql_select 是作为 SQL 参数传入的可选对象，而 self.frame 是返回的 DataFrame。在此，可以确切地观察 pandas 是如何从数据库加载数据并将其转换为 DataFrame。fetchall 函数以元组列表的形式返回数据，例如[(0，'Eric')]。该实现与下一步如何在 pandas 中使用列表 4-35 定义的正确数据类型相关。

列表 4-36 read_sql 的部分 pandas 实现。

```
result = self.pd_sql.execute(sql_select)
column_names = result.keys()
data = result.fetchall()
self.frame = DataFrame.from_records(
    data, columns=column_names, coerce_float=coerce_float
)
```

在此并非依赖于 pandas 中的 read_sql 实现，而是编写自定义的 SQL 加载代码，用于在创建 DataFrame 时维护 SQLAlchemy 用户表中定义的数据类型。自定义 SQL 加载代码如列表 4-37 所示，与加载后再通过 astype 来转换数据类型相比，自定义的 SQL 加载代码执行速度更快且占用的内存更少。

列表 4-37 维护列表 4-35 中 SQLAlchemy 表定义的数据类型的自定义 SQL 加载程序代码。

```
>> sql = session.query(User).selectable
>> results = engine.execute(sql).fetchall()
>> data = {
    columns[col]: np.array(
        [row[col] for row in results],
        dtype=type(results[0][col]))
    for col, v in enumerate(results[0])}
>> df = pd.DataFrame(data)
>> df.dtypes
    0       int32
    1       object
```

　　本章介绍了几种最常见的加载程序及其选项，不过还有很多其他的数据加载程序。请务必阅读所用特定加载程序的说明文档，并查看在加载期间有哪些类型的规范化可供使用，否则，需要自行编写一些自定义代码。需要注意的是，可通过减少内存开销和减少加载和规范化过程中的步骤来改善性能。pandas 提供了很多方法来提高数据规范化和加载性能，这取决于特定情况下的瓶颈问题。在第 5 章中，将探讨如何在数据加载和规范化之后将其重新整理为所需的 DataFrame 格式。

第5章
pandas 基础数据转换

pandas 库具有一个提供了许多数据转换方法的庞大 API。在本章中，主要介绍一些功能最强大且最常用的数据转换方法。

pivot 和 pivot 表

由于 pivot 和 pivot 表很常用且功能强大，因此对初学者特别有吸引力。然而，功能强大是以性能下降为代价的。虽然 pivot 是一个很好的工具，可作为数据规范化过程中的一个重要步骤对 DataFrame 进行初始转换，但在整个数据分析阶段不应频繁使用。列表 5-1 给出了一个使用 pivot 表将原始检查数据转换为餐馆及其平均检查得分聚合格式的示例。注意，在列表 5-1 中，聚合函数显式指定为 np.mean，尽管这并非必要操作，因为默认就是采用 np.mean。pivot 本质上是执行 groupby 操作，根据需要执行聚合函数，并将结果重新组织为新的表格格式。

列表 5-1 利用 pivot 表计算每个餐馆的平均检查得分。

```
>> df
        restaurant      location       date        score
        Diner           (4, 2)         02/18       90
        Pandas          (5, 4)         04/18       55
        Diner           (4, 2)         05/18       100
        Pandas          (5, 4)         01/18       76
>> df = df.pivot_table(
        values=['score'],
        index=["restaurant","location"],
```

```
                aggfunc=np.mean
)
>> df

                                score
        restaurant    location
        Diner         (4, 2)    95
        Pandas        (5, 4)    66
```

在列表 5-1 中存在几个性能方面的问题。pivot 表没有限制内存复制的选项，因此每次使用都会创建一个全新的 DataFrame。如果 DataFrame 较大，这可能会对程序的性能产生很大影响。从内部分析，pivot 表是通过唯一的餐馆与其位置的组合信息对数据进行分组，这需要一些时间，尤其是组合信息较大时。如果将上述操作作为数据规范化步骤的一部分，那么会比在整个程序中作为数据分析的一部分而多次执行要好得多。这是因为唯一分组和复制所有内存只会对性能影响一次，而若是在整个程序中执行，则会影响多次。最好是对 DataFrame 进行一次规范化和定向处理，以优化对其计划执行的所有分析，而不是保持某种未优化的 DataFrame 原始形式，并在每个分析步骤中重新定向。注意，如果 DataFrame 已经过唯一分组，那么可执行 groupby 来计算平均得分，如列表 5-2 所示，这种处理速度将是原来的两倍。在第 7 章将深入讨论 groupby 的性能。其他分析很可能都需要按餐馆的唯一性对数据进行分组，因此本例中的分组至少应是规范化步骤的一部分，在这种情况下完全不必使用 pivot 表。

列表 5-2　利用 groupby 计算每个餐馆的平均检查得分。

```
>> df

                                date      score
        restaurant    location
        Diner         (4, 2)    02/18     90
                                04/18     55
        Diner         (4, 2)    05/18     100
                                01/18     76
>> df = df[["score"]].groupby(["restaurant","location"]).mean()
>> df
        restaurant    location  score
        Diner         (4, 2)    95
        Pandas        (5, 4)    66
```

pivot 的作用与 pivot 表相同，但不允许聚合数据。在使用 pivot 表时，任何可能会产生多个值的列和索引值的组合都必须聚合在一起。另一方面，如果是在这种情况下运行 pivot，那么会产生一个 ValueError（值错误）。注意，在列表 5-3 中，药物和日期的组合不会产生多个值；但在列表 5-4 中，同一药物和日期可能会有多行；因此，运行列表 5-4 会出现一个 ValueError（值错误）。因此，pivot 和 pivot 表都具有一个令人遗憾的限制，即当索引和列的组合数据具有多个值时，则不会输出数据。pivot 表可强制将多个值聚合，或者选择其中一个值，而 pivot 只会出现一个 ValueError（值错误）。

列表 5-3 利用 pivot 重新定位 DataFrame。

```
>> df
    date        tumor_size      drug        dose
    02/18       90              01384       10
    02/25       80              01384       10
    03/07       65              01384       10
    03/21       60              01384       10
    02/18       30              01389       7
    02/25       20              01389       7
    03/07       25              01384       10
    03/21       25              01389       7
>> df.pivot(
    index="drug",
    columns="date",
    values="tumor_size"
)
    date        02/18       02/25       03/07       03/21
    drug
    01384       90          80          65          60
    01389       30          20          25          25
```

列表 5-4 在同一个列和索引的组合具有多个值时，pivot 会产生一个 ValueError（值错误）。

```
>> df
    date        tumor_size      drug        dose
    02/18       90              01384       10
    02/25       80              01384       10
    03/07       65              01384       10
    03/21       60              01384       10
    02/18       30              01389       7
    02/25       20              01389       7
    03/07       25              01389       7
    03/21       25              01389       7
>> df.pivot(
    index="drug",
    columns="date",
    values="tumor_size",
)
ValueError: Index contains duplicate entries, cannot reshape
```

pivot 比 pivot 表的性能更好，因为 pivot 不允许指定和生成多级列索引和多索引。因此，不会存在生成和处理这种较复杂 DataFrame 格式的开销。不管所生成的是多索引 DataFrame 还是多级列索引 DataFrame，pivot 表都仍是按多级一样执行各种计算，这会增加相当大的开销，在某些情况下，会比 pivot 的开销高出 6 倍。尽管 pivot 允许指定多个值并为其创建多列，但不允许提供列的显式列表以生成多列，也不允许提供索引列表以生成多索引。另一方面，pivot 表支持这种类型的多级 DataFrame。另外，还提供了其他一些不错的选项，如添加各行和各列的小计，以及删除具有 NaN 的列。总而言之，如果允许，尽量使用 pivot，因为这比 pivot 表更有效。

stack 和 unstack

　　stack 和 unstack 可将 DataFrame 的列级重组为一个最内部的索引，反之亦然。列表 5-5 中给出一个示例，其中每列都是指餐馆的卫生检查，值是卫生检查得分，索引表示接受检查的餐馆。stack 用于重组数据，使得每个餐馆的卫生检查的得分是在每一行而不是每一列。注意，stack 是将顶部的各列名称转换为列值，然后将其最终从 DataFrame 中删除。

　　列表 5-5　利用 stack 重组 DataFrame，使得每行表示一次检查。

```
>> df

                                        score
        inspection                      0      1
        restaurant      location
        Diner           (4, 2)          90     100
        Pandas          (5, 4)          55     76
>> df = df.stack().reset_index()
>> df
        restaurant      location        inspection    score
        Diner           (4, 2)          0             90
                                        1             100
        Pandas          (5, 4)          0             55
                                        1             76
>> df.drop(column=["inspection"], inplace=True)
>> df.set_index(["restaurant", "location"], inplace=True)
>> df
                                        score
        restaurant      location
        Diner           (4, 2)          90
                                        100
        Pandas          (5, 4)          55
                                        76
```

　　由列表 3-22，可能会识别出列表 5-5 中原始 DataFrame 的形状。列表 5-5 中的 DataFrame 在重组之前，其形状在第 3 章末尾处 "选择正确的 DataFrame" 一节中认为是最优的。列表

5-5 展示了如何从最佳形状转换为原始的非最佳形状。接下来，分析如何将原始的非最佳形状变成最佳形状。在列表 5-6 中，对 DataFrame 添加了一个名为 inspection 的新列，其值作为新 DataFrame 中的列名。另外，还使用了一个名为 cumcount 的 groupby 聚合函数，用于为每组中的每一行创建一个行号。

列表 5-6　利用 unstack 重组 DataFrame，使得每列表示一次检查。

```
>> df
                         score
    restaurant    location
    Diner         (4, 2)     90
                             100
    Pandas        (5, 4)     55
                              76
>> df["inspection"] = df.groupby(
    ["restaurant", "location"]).cumcount()
>> df
                         inspection    score
    restaurant    location
    Diner         (4, 2)     0           90
                             1           100
    Pandas        (5, 4)     0           55
                             1           76
>> df.set_index("inspection", append=True, inplace=True)
>> df
                                       score
    restaurant    location    inspection
    Diner         (4, 2)        0        90
                               1        100
    Pandas        (5, 4)        0        55
                               1        76
>> df = df.unstack()
>> df
                                   score
    inspection                     0      1
    restaurant    location
    Diner         (4, 2)           90    100
    Pandas        (5, 4)           55     76
```

stack 和 unstack 的各自性能如何呢？两者都需要复制内存，因为不是在实际内存直接操作，这样可能代价较大，因此实际上只能用于数据规范化。但是，鉴于在转换数据的方式上非常独特，一般很难找到除 melt（将在下面探讨）之外更高效的方法。

melt

列表 5-7 给出了一个 melt 的应用示例。值得注意的是，该示例与 stack 示例非常相似。在本例中，基本上是以一行代码实现使用 stack 四行代码所完成的操作。尽管 melt 与 stack 的功能相同，但稍微更高效一些。这主要是在于 melt 方法在内存开销方面的优势，即无需在高层调用所有的数据转换，这意味着 melt 并不是底层调用 stack，而是直接在堆栈中执行底层数据操作，从而避免了中间代码层 。如果对比原始 stack 和 melt，会发现 stack 的速度可能要快 4 倍。但使用 stack 的缺点是通常还需要其他操作，例如设置索引、重命名列、将其转换回 DataFrame 等。这意味着在某些情况下，使用 melt 会更有效。

列表 5-7　利用 melt 重组 DataFrame，使得每一行表示一次检查。

```
>> df
    restaurant      location        0       1
    Diner           (4, 2)          90      100
    Pandas          (5, 4)          55      76
>> df = df.melt(
    id_vars=["restaurant","location"],
    value_vars=[0,1],
    value_name="score").drop(columns="variable")
>> df
    restaurant      location        score
    Diner           (4, 2)          90
                                    100
    Pandas          (5, 4)          55
                                    76
```

转置 transpose

transpose 是一个有用的技巧。实际上是将列转换为行，行转换为列。在列表 5-8 中，给出了一个需要进行某种疾病治疗的患者列表和一个根据血型提供疾病治疗的药物表。现在，需要根据患者的血型将可用于治疗特定患者的药物列表添加到患者表中。第一步是按血型建立患者列表和药物表的索引，然后进行简单连接，将药物数据添加到患者列表中。因为在药物表中血型是按列排列而不是按行，所以首先需进行转置。注意，在执行此操作时，创建的 DataFrame 中默认提供的索引将变为列，而这些列直接变为索引。这意味着在列表 5-8 中，无需显式设置索引，因为 transpose 已设置了血型索引。

列表 5-8　利用 transpose 重组 DataFrame。

```
>> patient_list
                 id        history
    blood_type
    0+           02394     hbp
    B+           02312     NaN
    0-           23409     lbp
>> drug_table
    index        0+      0-      A+      A-      B+      B-
    0            ADF     ADF     ACB     DCB     ACE     BAB
    1            GCB     RAB     DF      EFR     HEF
    2            RAB
>> drug_table = drug_table.transpose(copy=False)
>> drug_table
    blood_type   0       1       2
    0+           ADF     GCB     RAB
    0-           ADF     RAB
    A+           ACB     DF
    A-           DCB     EFR
    B+           ACE
    B-           BAB     HEF
>> patient_list.join(drug_table)
                 id        history      0        1        2
    blood_type
    0+           02394     hbp          ADF      GCB      RAB
    B+           02312     NaN          ACE
    0-           23409     lbp          ADF      RAB
```

transpose 是为数不多的重组 DataFrame 函数之一，其中具有一个不复制数据的选项（如果需要的话，命名为 copy）。但 copy = False 并不一定意味着数据没有复制，正如在第 9 章中将要详细阐述的那样。数据是否复制取决于许多因素，这些因素最终归结为数据的新形状是否可以按原样重用底层 NumPy 数组，或是否必须创建新的 NumPy 数组。注意，NumPy 数组中的所有元素必须全部为同一类型。这意味着，如果要转置的 DataFrame 的行和列类型相同，才可能重用现有的 NumPy 数组。否则，必须复制内存并重新构建。这意味着只能在非常必要的情况下使用 transpose，并且最好是作为数据规范化的一个步骤。

从所有这些数据转换函数可以看出，数据转换的成本一般都非常高，在一个理想的程序中，应该只在数据规范化阶段进行。而在数据分析过程中应谨慎使用数据转换。如果必须在每个数据分析步骤中进行大量的数据转换操作，那么应该重新考虑规范化 DataFrame。在下一章中，将研究 apply 方法，并探讨何时应该使用，何时不适合使用，以及其他更有效的方法。

第**6**章
apply 方法

apply 方法是 pandas 中最容易错误使用的函数之一，很大概率上是在不应该使用该方法的情况下使用了。这是因为 apply 是将函数"应用"到数据集中的每一行或每一列，违反了 pandas 的一条基本规则：不得迭代执行数据集。本章将探讨正确选择应用 apply 方法的场合，并提出在不使用 apply 方法时的替代解决方法。

不适用 apply 方法的场合

对于熟悉基本编程特性的开发人员，迭代是一种常用的数据处理方法。设想：如果对每一行或每一列数据执行迭代操作，那么 apply 方法应该非常友好。但这种方式在 pandas 中完全错误。在处理关系数据库时遵循的许多原则也同样适用于 pandas。对数据库中的数据执行某种操作时，并不是一次只执行一行，而是定义一个范围；在 pandas 中也是如此。对数据集进行操作，可以定义所有待操作的元素，然后执行操作。最简单的形式可能类似于 df["col 1"]+df["col 2"]，而较复杂的形式可能类似于 df.where(100>df>=90,"A")。

pandas 中包含许多用于执行数据计算操作的内置函数。附录中给出了详细清单。这些计算通常直接转换为一个在 C 语言下执行的 NumPy 函数，使得这些函数的性能要比等效的 apply 函数更有效。可直接访问 pandas DataFrame 和 pandas 序列对象（pandas DataFrame 中的一列或一行）。

apply 的一个简单实例如列表 6-1 所示。在此调用 sum 函数，指定应用该函数的 axis，从而可得到各行之和。

列表 6-1 apply 的应用示例。

```
>> df = pd.DataFrame([[4, 9],[6, 7]], columns=['A', 'B'])
>> df
        A    B
    0   4    9
    1   6    7
>> df.apply(np.sum, axis=1)
    0          13
    1          13
```

虽然列表 6-1 的示例很简单，并表明了如何使用 apply 方法，但该用例完全错误。这是教科书中表明何时不用 apply 方法的一个示例，由于 np.sum 函数是 DataFrame 本身的内置函数，因此应直接使用该内置函数，这样会更有效。但为何这样会更有效呢？接下来进行详细分析。

pandas 的内置 sum 函数要优于对每一行数据执行 NumPy 的 sum 函数，原因在于对数据行执行迭代。列表 6-2 中的循环是 pandas 中 apply 方法的基本实现。

列表 6-2 pandas 中 apply 方法实现的主循环。

```
for i, v in enumerate(series_gen):
    results[i] = self.f(v)
    keys.append(v.name)
```

由列表 6-2 可见，是在 Python 中执行按行循环。在此，执行了 series_gen，函数按列或行执行（保存在 self.f 中）。这与 pandas 内置的 sum 函数相反，后者只是将待操作的 ndarray 传给 NumPy 中的 sum 函数，然后该函数在 C 中对数据进行迭代求和，并将得到的 ndarray 返回给 Python。在 C 中而不是 Python 中对数据执行运算的过程称为矢量化。从本质上，矢量化能够比在 Python 中执行运算得到极大加速。鉴于第 3 章所述的原因，C 语言中的循环和执行运算的性能要远好于 Python。但是，执行速度的提高并不是都源于在 C 中执行循环。

矢量化操作允许对数值序列执行数学运算。例如，如果要对 ndarray 中的每个元素都加 4，则可通过语法 arr+4 来实现。在 NumPy 的 ufuncs（见附录中的函数表）情况下，实际上是使用了 CPU 本身的专用向量寄存器。向量寄存器是一个可以包含序列值的寄存器，在对其执行运算操作时，可同时对寄存器中的每个值执行操作。因此，在 CPU 对一个包含 8 个值的数组执行 8 次加法指令的循环操作就变成在 CPU 中对 8 个值执行一次加法指令运算。可以想象，这会极大提升运算速度。矢量化还可填充维度不匹配的数组，从而实现维度匹配，以便进行运算操作。这一过程称为广播。若在 pandas 中通过 df["new_col"]=4 来新增一列，则 4 可广播为与 DataFrame 中所有其他列的行数相同。同理，sum 之类的聚合函数也可对序列值进行操作。综上所述，apply 方法不是一个向量化操作——是在 Python 中执行循环，应尽量避免。如列表 6-3 所示，这实际上与遍历所有行并执行 apply 函数是同样效果。

列表 6-3   手动 apply 的等效实现。

```
results = [0]*len(df)
for i, v in df.itterrows():
    results[i] = v.sum()
df["sum"] = results
```

事实上，列表 6-3 中所示的 apply 自定义实现与列表 6-1 中直接使用 apply 的性能相比，会稍微有所提高，因为在实现这个简单的自定义方法时，从操作本身上的开销较少。

apply 方法会比使用 pandas 中的内置操作具体慢多少呢？接下来，通过一些具体示例来进行性能比较。在执行 100000 行数据时，对比列表 6-1 中的 apply 方法和列表 6-4 中的替代方法，apply 函数的平均执行时间约为 8.5 秒，而直接在 pandas 的 DataFrame 上运行 sum 函数的平均时间仅为 0.4 毫秒左右。

列表 6-4   列表 6-1 的另一种实现。

```
df.sum(axis=1)
```

接下来，分析另一示例。假设现有一个数据集，其中列 A 不完整，希望用列 B 和 C 的最大值来替换缺少的值。这可以采用列表 6-5 中的 apply 方法来实现，也可通过列表 6-6 中所示的 where 方法更有效地实现。

列表 6-5   采用 apply 方法替换缺失数据。

```
def replace_missing(series):
    if np.isnan(series["A"]):
        series["A"] = max(series["B"], series["C"])
    return series
df = df.apply(replace_missing, axis=1)
```

列表 6-6   采用 where 方法替换缺失数据。

```
df["A"].where(
    ~df["A"].isna(),
    df[["B", "C"]].max(axis=1),
    inplace=True,
)
```

Where 方法是用第二个参数中的值来替换错误值。这意味着，在列表 6-6 中，所有 NaN 值都被替换为列 B 和列 C 的最大值。注意，在此还指定了 inplace=True，这使得只是在当前 DataFrame 进行替换，而不是创建一个会导致重复占用内容的新 DataFrame。

现在再分析列表 6-7 和列表 6-8 所示的一个更为复杂的示例。假设现有一个包含 fruit 和 order 两列的 DataFrame，且希望按照每行的顺序删除不存在水果的所有数据。pandas 中包含字符串操作，包括 Series.str.find，如果一个字符串中存在子串，则 Series 中的每个值都返回 True。但是，这只允许输入一个常量。也就是说，不能指定一组子串，而只能指定一个字符串值，因此在本例中，find 不起作用。另外，pandas 中也未内置可对两个序列对象操作的"in"

检查，尽管这正是本例所需的操作，但 pandas 不支持。这意味着必须实现某种自定义方法，以分析各种方法的性能。

列表 6-7　使用 apply 方法删除 order 列中不包含 fruit 列中子串的数据行。

```
def test_fruit_in_order(series):
    if (series["fruit"].lower() in
            series["order"].lower()
    ):
            return series
    return np.nan
>> data = pd.DataFrame({
    "fruit": ["orange", "lemon", "mango"],
    "order": [
            "I'd like an orange",
            "Mango please.",
            "May I have a mango?",
    ],
})
        fruit       order
    0   orange      I'd like an orange
    1   lemon       Mango please.
    2   mango       May I have a mango?
>> data.apply(
    test_fruit_in_order,
    axis=1,
    result_type="reduce",
).dropna()
        fruit       order
    0   orange      I'd like an orange
    2   mango       May I have a mango?
```

列表 6-8　使用一种综合列表来解决列表 6-7 的问题。

```
mask = [fruit.lower() in order.lower()
        for (fruit, order) in data[["fruit", "order"]].values]
data = data[mask]
```

使用 apply 方法解决列表 6-7 的问题，针对 100000 行数据大约需要 14 秒，而使用列表 6-8 所示的综合列表仅需 100 毫秒左右。为什么综合列表方法比 apply 方法快得多呢？不是都在 Python 中执行循环吗？综合列表法是执行 Python 解释器中经过特殊优化的循环。转换成字节码更像是 C 语言编写的循环，因为无需加载专门的 Python 列表属性。下面给出 for 循环实现的字节码（列表 6-9）和综合列表实现的字节码（列表 6-10）。注意，即使是完成同一个任务，但综合列表法转换的字节码要比 for 循环实现的更简单且更小。

列表 6-9　简单 for 循环实现的字节码转换。

```
def for_loop():
    l = []
    for x in range(5):
        l.append( x % 2 )
0         0 BUILD_LIST              0
          2 STORE_FAST              0 (l)
1         4 SETUP_LOOP             30 (to 36)
          6 LOAD_GLOBAL            0 (range)
          8 LOAD_CONST             1 (5)
         10 CALL_FUNCTION          1
         12 GET_ITER
   >>    14 FOR_ITER              18 (to 34)
         16 STORE_FAST             1 (x)
2        18 LOAD_FAST              0 (l)
         20 LOAD_METHOD            1 (append)
         22 LOAD_FAST              1 (x)
         24 LOAD_CONST             2 (2)
         26 BINARY_MODULO
         28 CALL_METHOD            1
         30 POP_TOP
         32 JUMP_ABSOLUTE         14
   >>    34 POP_BLOCK
   >>    36 LOAD_CONST             0 (None)
         38 RETURN_VALUE         None
```

列表 6-10　综合列表实现的字节码转换。

```
def list_comprehension():
    l = [x % 2 for x in range(5)]
0         0 LOAD_CONST             1
          2 LOAD_CONST             2
          4 MAKE_FUNCTION          0
          6 LOAD_GLOBAL            0 (range)
          8 LOAD_CONST             3 (5)
         10 CALL_FUNCTION          1
         12 GET_ITER
         14 CALL_FUNCTION          1
         16 STORE_FAST             0 (l)
         18 LOAD_CONST             0 (None)
         20 RETURN_VALUE         None
```

适用 apply 方法的场合

至此，已分析了一些不适用 apply 方法的示例。接下来，分析适用 apply 方法的情况。通常，自然状态下处理数据的实际情况会出现一些更复杂的场景。假设要计算 DataFrame 中每个元素的得分百分比，具体实现如列表 6-11 所示。

列表 6-11　scipy.stats.percentileofscore 实现。

```
def percentileofscore(a, score):
    """
    Three-quarters of the given values lie below a given score:
    >>> stats.percentileofscore([1, 2, 3, 4], 3)
    75.0
    With multiple matches, note how the scores of the two
    matches, 0.6 and 0.8 respectively, are averaged:
    >>> stats.percentileofscore([1, 2, 3, 3, 4], 3)
    70.0
    """
    n = len(a)
    left = np.count_nonzero(a < score)
    right = np.count_nonzero(a <= score)
    pct = (right + left + (1 if right > left else 0)) * 50.0/n
    return pct
```

这意味着如果有以下输入 DataFrame，那么使用 pandas 的 apply 函数，在执行 scipy.stats.percentileofscore 后得到的输出 DataFrame 如下（列表 6-12）。

列表 6-12　对 DataFrame 中每个元素执行 scipy.percentileofscore。

```
>> from scipy import stats
>> data = pd.DataFrame(np.arange(20).reshape(4,5))
           0    1    2    3    4
   0       0    1    2    3    4
   1       5    6    7    8    9
   2      10   11   12   13   14
   3      15   16   17   18   19
>> def apply_percentileofscore(series):
       return series.apply(
           lambda x:stats.percentileofscore(series,x)
   )
>> data.apply(apply_percentileofscore, axis=1)
           0      1      2      3      4
   0      20.0   40.0   60.0   80.0   100.0
   1      20.0   40.0   60.0   80.0   100.0
```

2	20.0	40.0	60.0	80.0	100.0
3	20.0	40.0	60.0	80.0	100.0

这是一个相当复杂的用例，也是一种非常低效的实现，因为对于每行数据都需调用 apply 方法两次。另外，遗憾的是，pandas 中没有能与本例中需要对每个元素执行的 SciPy 中 percentileofscore 函数功能等效的内置函数。尽管可一次计算一列对 DataFrame 单独进行计算，然后将结果拼接在一起，但这种实现方式相当麻烦。列表 6-13 给出了这种实现方法。

列表 6-13　列表 6-12 的一种更高效实现。

```python
def percentileofscore(df):
    res_df = pd.DataFrame({})
    for col in df.columns:
        score = pd.DataFrame([df[col]]*5, index=df.columns).T
        left = df[df < score].count(axis=1)
        right = df[df <= score].count(axis=1)
        right_is_greater = (
            df[df <= score].count(axis=1)
            > df[df < score].count(axis=1)
        ).astype(int)
        res_df[f'res{col}'] = (
            left + right + right_is_greater
        ) * 50.0 / len(df.columns)
    return res_df
percentileofscore(data)
```

列表 6-13 的实现具有更好的性能，因为通过一次性对所有行执行 pandas 操作即可抵消 Python 中的循环操作（按行的循环）。不过，在此还必须创建一个重复的 DataFrame，其中所有列都填充了得分值，以便实现无需内存开销的按行操作。注意，在此未重用 SciPy 的实现，而是通过 pandas 操作重新实现，这对于可读性来说不太理想，且增加了实现的复杂性和脆弱性。不过好在，还有另一种实现方法，将在下一节中讨论。

利用 Cython 提高 apply 方法的性能

由前面的简单求和示例得到一个经验教训，如果 pandas 开发人员提供了一个 DataFrame 之外的函数，那么可由 C 语言实现。那么为何不在 C 语言中直接实现呢？有人可能会认为"我不熟悉 C 语言——貌似很难"。不过，实际上使用 Cython 库可使之变得非常简单，而且完全不需要了解 C 语言的语法！Cython 允许用 Python 语言编写，并将其编译成 C 语言，作用 C 扩展。首先，需要编写 percentileofscore 函数，该函数将对整个 DataFrame 执行操作，如列表 6-14 所示。然后，进行编译，如列表 6-15 所示，最后在列表 6-16 中使用该函数。

列表 6-14　使用 Cython 实现的一种列表 6-12 的更高效方法。

```
from scipy.stats import percentileofscore as pctofscore
from copy import deepcopy
def percentileofscore(values):
    percentiles = [0]*len(values[0])
    num_rows = len(values)
    for row_index in range(num_rows):
        row_vals = values[row_index]
        for col_index, col_val in enumerate(row_vals):
            percentiles[col_index] = \
                pctofscore(row_vals, col_val)
        values[row_index] = percentiles
```

列表 6-15　用于编译列表 6-14 中 Cython 的 setup.py。

```
import pyximport; pyximport.install(language_level=3)
from distutils.core import setup
from Cython.Build import cythonize
setup(
    ext_modules = cythonize("percentileofscore.pyx")
)
>> python setup.py build_ext --inplace
```

列表 6-16　使用列表 6-14 中实现的编译后的 Cython 函数。

```
from percentileofscore import percentileofscore
percentileofscore(data.values)
```

值得注意的是，Cython 函数是以数值为输入，而不是整个 pandas 的 DataFrame；这是因为具体值是一个二维数组，易于转换成 C 语言，而 pandas 的 DataFrame 是 Python 对象。另外，还需注意的是，该函数会直接修改数据，而不是返回一个全新的二维数组。这是一个性能上的优势，因为不必为新数组分配内存，而且一旦完成数据转换，就不再需要原始数据集（至少在本例中如此）。

那么，当执行超过 100000 行时，这些方法的性能会有怎样的变化呢？使用列表 6-12 中的 apply 方法平均需要 58 秒。如列表 6-13 所示，使用 pandas 操作来有效地重新实现 SciPy 的等效方法平均需要 24 秒。而构建自定义 Cython 函数的第三种方法则平均约为 4 秒。除提高性能之外，Cython 方法还有其他优势。可依旧使用 SciPy 函数，不必重新实现，因此从实现性和可读性来看，这也非常具有吸引力。

总之，只有在尝试过所有其他方法之后，才应使用 apply 方法。其性能与 iterrows 和 itercolumns 相当，应以相同的预防等级进行处理。如果需要在一个大数据集上使用 apply 方法，且会导致执行速度减低，那么就应该实现一个等效 apply 的 Cython 方法，以避免降低数据分析性能。

第**7**章

Groupby

在 pandas 中处理数据时，可能需要对数据进行某种分组和聚合。这就是 groupby 的目的。其允许将数据分组，并对这些分组进行聚合计算。

正确使用 groupby

在一开始使用 groupby 时，可能倾向于执行类似列表 7-1 的操作，首先将数据分组，然后在每组数据上循环，并执行聚合。但是，这会使得性能较差，因为正如在第 6 章中所述，程序是在 Python 中循环，而不是在 C 中。相反，如果直接从 groupby 调用聚合函数，如列表 7-2 所示，那么这些数据组将输入到聚合函数，而在 C 中执行循环。

列表 7-1 通过分组循环计算每年到达目的地的总人数。

```
>> arrivals_by_destination
                  number
    date    place
    2015    LON     10
    2015    BER     20
    2015    LON     5
    2016    LON     10
    2016    BER     15
    2016    BER     10
>> groups = arrivals_by_destination.groupby(["date","place"])
>> for idx, grp in groups:
    arrivals_by_destination.loc[idx, "total"] = \
        grp["number"].sum()
```

```
>> arrivals_by_destination
                    number    total
date     place
2015     LON        10        15
2015     BER        20        20
2015     LON        5         15
2016     LON        10        10
2016     BER        15        25
2016     BER        10        25
```

列表 7-2　使用 groupby 计算每年到达目的地的总人数。

```
>> arrivals_by_destination
                    number
date     place
2015     LON        10
2015     BER        20
2015     LON        5
2016     LON        10
2016     BER        15
2016     BER        10
>> arrivals_by_destination["total"] = \
arrivals_by_destination.groupby(["date","place"]).sum()
>> arrivals_by_destination
                    number    total
date     place
2015     LON        10        15
2015     BER        20        20
2015     LON        5         15
2016     LON        10        10
2016     BER        15        25
2016     BER        10        25
```

　　列表 7-1 和列表 7-2 之间的性能差异与组的个数成正比。若只有 8 组，列表 7-2 运算速度的性能是列表 7-2 的两倍，若是 16 组，则是 4 倍。另外，需要注意的是，在上述两个示例中，都是从一个预索引的 DataFrame 开始。这意味着已预计算了各组，因此 groupby 不必再次计算所有组，只需重用索引中的现有组即可。这样可大大节省运算时间，尤其是如果需要对索引中的列执行大量 groupby 操作的情况下。

　　或许会在使用 groupby 时遇到需要一个不包含内置 groupby 对象的自定义函数的情况。不过即使如此，也最好不采用循环。对数据组执行循环所达到的性能与在 groupby 对象本身上调用 apply 并传入自定义函数时相同。如果是在这种情况下，请参阅第 6 章中关于在 Cython 中应用和实现自定义函数的内容。

索引

在每个索引中有许多不同值时，使用排序后的索引可大大加快执行速度。这时可能会产生警告"PerformanceWarning:indexing past lexsort depth may impact performance"。这是指索引中按词汇或字母顺序排序的层次个数。

在访问未排序的索引时，pandas 的性能复杂度为 O(n)，这是因为必须在整个索引中搜索索引值，如图 7-1 所示。若访问排序索引，则 pandas 的性能复杂度为 O(log(n))，这是因为使用二进制搜索来查找索引值，如图 7-2 所示。在索引是唯一时，会采用 hash 查表，其性能复杂度为 O(1)，如图 7-3 所示。而在索引值个数 n 非常大时，就会产生巨大差异，这就是为何唯一索引能够达到最快运行性能的原因。值得注意的是，如列表 7-2 的示例一样，不可能总是能够实现唯一索引，因此在这些场景中可以达到的最佳性能是使用排序的多索引。

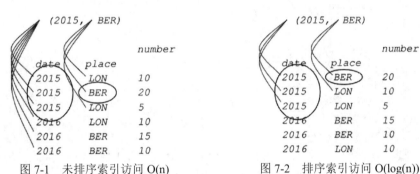

图 7-1   未排序索引访问 O(n)   图 7-2   排序索引访问 O(log(n))

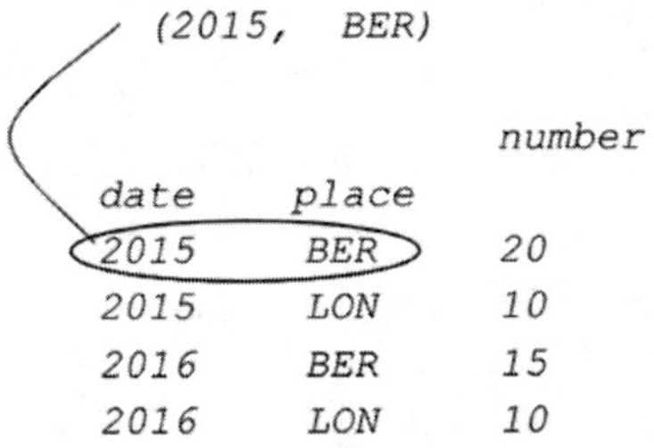

图 7-3   唯一索引访问 O(1)

避免使用 groupby

到目前为止，已探讨了如何在执行 groupby 操作时达到最佳性能。然而，有时最有效的选项是完全不使用 groupby。如果必须在 DataFrame 上执行许多 groupby 操作，可以考虑重新定向 DataFrame，从而无需使用 groupby。由于 groupby 是将数据分组，然后对每组数据运行聚合函数，因此实际上是对各个数据组执行循环。即使在性能最佳的情况下，也是预先计算各组，快速访问索引，并在 C 语言下执行循环，而所有这些操作都需要时间。在 pandas 中，执行简单的按行或按列操作要更有效。

现在讨论如何重新格式化列表 7-3 中的 DataFrame，以避免使用 groupby。如果将索引列保持不变，而将行中每个索引分解为多个值，那么可以执行两种操作来通过分组运算优化求和。第一个操作是去除 groupby 的 sum 操作，而将其转换为对各列的简单求和。第二个操作是使得索引唯一。注意，这会增加一些额外的内存开销，因为数据中的空值会被零填充。但即使在 DataFrame 非常大时，整型数据也只会占用很少的内存空间，因此总体性能的提升要比占用额外的内存更值得。

列表 7-3　未用 groupby 来计算达到各个目的地的总人数。

```
>> arrivals_by_destination
    number           0          1
    date     place
    2015     BER      20         0
    2015     LON      10         5
    2016     BER      15         10
    2016     LON      10         0
>> arrivals_by_destination["total"] = \
    arrivals_by_destination.sum()
```

执行列表 7-3 大约会比执行列表 7-2 快 8 倍，而比列表 7-1 快 25 倍。因此合理选择最适合于所执行操作的 DataFrame 格式非常重要。这可以节省多达几分钟的执行时间。

至此，已分析了如何最有效地使用 groupby，即通过预索引并直接对 groupby 对象执行聚合函数，而不是通过循环。另外，还介绍了如何通过重新格式化 DataFrame 而无需使用 groupby 操作，由此可采用更有效的按行或按列操作。遗憾的是，没有一种简单的 catch-all DataFrame 格式或 groupby 方法可以应用于所有用例。不过，现在应该了解并掌握了各种方法，以帮助以最有效和最简单的方式解决特殊的 groupby 问题。

第8章
pandas 之外的性能改进

或许你听过其他 pandas 用户提到利用 eval 和 query 操作来加速 pandas 中的表达式计算。尽管使用这些函数可以加快表达式的求解速度，但如果没有一个非常重要的库：NumExpr，那么也无法做到这一点。在未安装 NumExpr 的情况下，使用上述函数反而会导致性能下降。不过，要理解 NumExpr 是如何加速实现计算的，就需要深入研究计算机的体系结构。

计算机体系结构

CPU 可分成多个内核，其中每个内核都有一个专用缓存。每个内核一次评估一条指令。与 Python 程序相比，这些指令都非常基本。Python 中的一行代码通常可分解成许多条 CPU 指令。一些示例包括加载数据（例如执行循环时将数组值存储到临时变量中），跳转到新指令位置（例如调用函数时）以及求解表达式（例如将两个值相加）。

在现代内核中，求值过程分为多个阶段。这些阶段称为流水线，其中每条指令求值是通过一系列阶段进行流水线传输，直到求值完成。现代的 Intel CPU 通常分为 15 个流水线阶段。图 8-1 给出了一个简单的五段流水线处理器示例。首先，从专用的指令缓存中取指，如果指令不存在，则需从较远的缓存或主存中取指。然后对指令进行译码。在译码阶段，每一条指令都有一个特定的数值代码，将该代码解码为特定类型的指令并生成特定操作，因此译码阶段负责对指令进行解码，并从寄存器（可将这些寄存器看作是一个非常小的专用内存缓存）收集数据以传递到执行阶段。在执行阶段，真正运行指令；这可能是两个值相加，或如果是加载指令，只需将内存地址传递到下一阶段。由于指令可能是跳转到不同的存储地址，而不是顺序地址，因此求值阶段的一部分也要确定通过流水线发送的下一条指令。在访问存储器阶段，提取任何需要从存储器加载到寄存器的数据，然后在回写阶段加载到寄存器中。这意味着，如果是两个值相加，则必须先用加载指令将这些值加载到两个不同的寄存器，然后才能执行相加指令。综上，列表 8-1 中的 Python 代码是由 CPU 中的三条指令组成。

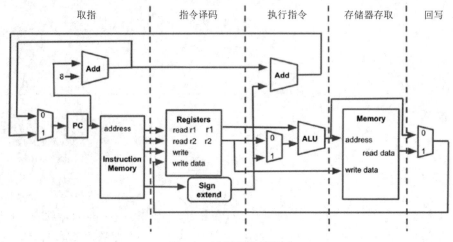

图 8-1　五段流水线结构

列表 8-1　将一行 Python 代码转换为伪代码的 CPU 指令。

a = b + c	load b
	load c
	add a, b, c

尽管列表 8-1 中的 CPU 指令看起来类似于 Python 的字节码，但需要注意的是两者并不相同。切记，字节码是在 Python 虚拟机上执行，而 CPU 指令则是在 CPU 上执行。虽然可用 dis 模块（dis 表示反汇编）输出字节码，并且能有助于了解机器码形式，但毕竟不是机器码。Python 虚拟机包含一个庞大的 switch 语句，将字节码指令转换为函数调用，然后执行 CPU 指令。因此，尽管可认为 Python 是一种在软件虚拟机上运行字节码指令的解释性语言，但实际上，add 指令在某种程度上是在 CPU 中执行的。最后，add 指令变成一系列 CPU 指令，如列表 8-1 所示。

通常，指令流水线的存储器访问阶段比所有其他流水线阶段都长。并非所有其他流水线阶段都像存储器访问阶段那么慢或插入 NOP（通常称为无操作或空操作），而是利用其他与数据加载无关的指令来填充空闲时间。这使得处理器能够继续执行求值指令，即使指令的一个阶段可能需要数百个机器周期才能完成。在加载长指令时，编译器还通过重新排序指令，使得与内存加载无关的指令出现在内存加载指令和与内存加载有关的下一条指令之间，从而保持处理器继续工作。在现代 Intel 处理器中，指令也可在 CPU 内部进行重新排序。当然，有时没有指令来填充空闲时间，因此将 NOP 作为最后一种方式。这确保内核的指令吞吐量尽可能接近占用一个时钟周期的一条指令，从而不必等待数百个时钟周期才能完成内存加载。

在此需要注意的是，为有效利用 CPU 并达到尽可能高的指令吞吐量，必须确保在使用数据之前已加载，并且在正在操作的数据核所需的下一数据之间进行了足够的计算。

目前为止，已讨论了 CPU 如何在底层执行求值指令，以及如何达到最佳性能；接下来，进一步深入了解内存访问阶段，以及为何该阶段往往是一个瓶颈问题。图 8-2 给出了现代 Intel CPU 的典型缓存结构。每个内核都有一个专用的 1 级数据、1 级指令和 2 级缓存。所有内核都共享 3 级缓存和主存。每个缓存都位于与内核板较远处。虽然内核速度与晶体管的大小和速度密切相关，但内存速度则是与板上内核的物理距离更相关。

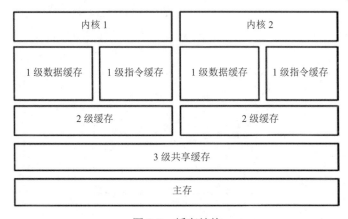

图 8-2　缓存结构

在 pandas 中处理大规模数据集的用例时，所有数据都不能存储在缓存中。1 级缓存访问通常需要三个时钟周期或指令阶段，且每一级的延迟都呈指数增加。3 级缓存访问大小需要 21 个时钟周期，如果要加载的数据不在任何缓存中，且必须在主存才能加载的话，则需要 150～400 个时钟周期。在 21 个时钟周期左右，3 级缓存访问所造成的性能损失就可能会超过内核中的流水线个数。如果必须延迟流水线中的指令，直到检索得到数据，而不是通过重新排序来填充延迟时间，那么整个程序可能会暂停 21 个时钟周期。对于 4GHz 的处理器，延迟 21 个时钟周期约为 5.25ns。如果在程序中只是发生几次这样的延迟，似乎无关紧要。但要注意，通常在 pandas 中处理兆字节的数据，而且可能并非所有数据都适合缓存，因此，会遇到许多这种性能下降问题。事实上，如果在整个数据集上执行一个操作，甚至有可能在主存中产生更大的性能影响。

缓存通常是针对一般情况下的最佳性能而设计的。在软件中，这意味着循环执行连续数据结构的数组。正因如此，在必须将某些内容加载到缓存中时，会在一个称为缓存线的时刻加载连续的内存块。这有助于缓解将某些内容加载到缓存中造成的性能影响。其思想是由于程序通常在顺序内存中执行，因此，通过在加载所需的内核之后加载内存，将节省随后加载内存的时间。

为了最有效地利用缓存，应该在短时间内重复调用内存中依次存储或相邻的数据。顺序存储数据将会减少缓存负载。短时间内重复调用相同的数据可防止新数据跳出存储旧数据的缓存，而导致将相同数据再次加载到缓存时未找到缓存。如第 3 章中所述，数组是顺序数据类型，这意味着其中第一个元素出现在地址 A，而最后一个元素必然在地址 A 加上数组长度的地址处。若在内存中创建一组对象，其中许多属性指向其他对象并引用这些属性时，每个对象都有一个不连续地址，因此无法有效利用缓存，这是由于需要从不同内存地址加载一组不同的缓存线。上述两种类型的内存访问如图 8-3 所示。

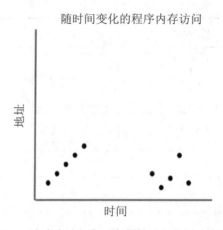

图 8-3　顺序内存访问与对象属性访问的时序变化情况

如何利用 NumExpr 改进性能

NumExpr 是通过在 pandas DataFrame 的子集（即缓存大小）上执行计算来提高 pandas 的性能。以(A+B)*3 为例，其中 A 和 B 是 pandas DataFrame。如果没有 NumExpr，A+B 的每一行都会相加，并存储到一个临时结构中，然后再乘以 3。若使用 NumExpr，则是先将缓存中的前 n 行数据相加并乘以 3，然后再执行下个 n 行数据。通过这种方式，NumExpr 能够减少内存加载和存储量（这是在计算机体系结构一节中提到的 CPU 瓶颈问题），由此产生计算机程序。具体实现如列表 8-2 所示。

注意，列表 8-2 中的缓存是三条缓存线（足够容纳 64 行的 A,B,C 数据）。虽然比通常可容纳 128 条缓存线的实际 1 级缓存小得多，不过这只是一个简化示例。这意味着在计算得到 64 行的 A+B 结果之后，必须将该结果存储到内存，以便为 A 和 B 接下来的 64 行数据及其计算结果腾出空间。需要注意的是，通过使用 NumExpr 在缓存大小的内存块上执行计算的方法，可减少加载的数据量和存储的数据量。另外，还要注意，列表 8-2 中的示例是顺序编写的伪代码 CPU 指令（即这些指令不是在内核中执行的实际指令，而很可能在实际执行中重新排序，以缓解计算机体系结构一节中讨论的内存加载延迟问题）。

列表 8-2　使用和未用 NumExpr 计算 pandas 表达式的伪代码 CPU 指令比较。

未安装 NumExpr	已安装 NumExpr
C = (A + B) * 3	C = pd.eval("(A + B) * 3")
load A[0:64]	load A[0:64]
load B[0:64]	load B[0:64]
add C[0], A[0], B[0]	add C[0], A[0], B[0]
	mult C[0], C[0], 3
add C[1], A[1], B[1]	add C[1], A[1], B[1]
	mult C[1], C[1], 3
.	
.	
add C[63], A[63], B[63]	add C[63], A[63], B[63]
	mult C[63], C[63], 3
store C[0:64]	store C[0:64]
load A[64:128]	load A[64:128]
load B[64:128]	load B[64:128]
add C[64], A[64], B[64]	add C[64], A[64], B[64]
	mult C[64], C[64], 3
add C[65], A[65], B[65]	add C[65], A[65], B[65]
	mult C[65], C[65], 3
.	
.	
add C[127], A[127], B[127]	add C[127], A[127], B[127]
	mult C[127], C[127], 3
store C[64:128]	store C[64:128]
load C[0:64]	
mult C[0], C[0], 3	
mult C[1], C[1], 3	
.	
.	
mult C[3], C[63], 3	
store C[0:64]	
load C[64:128]	
mult C[64], C[64], 3	
.	
.	
mult [127], C[127], 3	
store C[64:128]	

值得注意的是，为了在 pandas DataFrame 上一次执行求值运算，必须在计算之前将整个

表达式传给 NumExpr。另外，必须以符合 NumExpr 的组合方式来指定(A+B)*3 的表达形式。

正是在 eval 中的 query 和 eval，允许将一个复杂表达式指定为字符串，以向 NumExpr 表明该表达式可在 DataFrame 的内存块上一次执行。由于本质上是调用 eval，query 实际上是另一种形式的 eval。

根据计算类型、数据形状和大小、操作系统以及所用硬件的不同，可能会发现使用 NumExpr 和 eval 实际上会导致性能显著下降。在盲目地在计算中采用 eval 和 query 之前，最好先比较一下性能。NumExpr 实际上仅适用于大于 3 级缓存大小的计算。通常，大于 256000 个数组元素。正如在其他 pandas 函数中那样，还要求数据类型和计算易于转换成 C 语言。因此，如 datetimes 不会改进性能，因为不能在 NumExpr 中实现求值。另外，值得注意的是，直接使用 NumExpr 比在 pandas 中使用 eval 和 query 性能更好。具体情况如列表 8-3 所示。

列表 8-3　eval 执行慢于 NumExpr 典型 pandas 语法的示例。

```
import pandas as pd
import numpy as np
import numexpr as ne
nrows, ncols = 1000000, 1
df1, df2, df3, df4 = [pd.DataFrame(
    np.random.randn(nrows, ncols)) for _ in range(4)]
# 通过常规语法计算总和
df_sum1 = df1 + df2 + df3 + df4
# 使用 eval 计算总和，以便 NumExpr 优化
df_sum2 = pd.eval("df1 + df2 + df3 + df4")
# 直接使用 NumExpr 计算总和
a1, a2, a3, a4 = (
    df1.to_numpy(), df2.to_numpy(),
    df3.to_numpy(), df4.to_numpy()
)
df_sum3 = ne.evaluate("a1 + a2 + a3 + a4")
```

df_sum1 的计算速度是 df_sum2 的两倍。这与所期望的正好相反，因为 df_sum2 是使用 NumExpr 计算的。但如果直接使用 NumExpr，而不是通过 pandas 中的 eval，则会发现 df_sum3 的运算速度大约是 df_sum1 的 4 倍。这是由于 pandas 中的 eval 函数内部导致的运算速度下降。在 eval 内部，将环境封装到一个包含局部变量和全局变量的字典中，并可由 NumExpr 进行访问。其中包括将 DataFrame 转换为 NumPy 数组。所有这些都需要大量开销。由此导致实际上比不使用 eval 和 NumExpr 更慢。如本例所示，通常将 DataFrame 显式转换为 NumPy 数组并在转换后的 DataFrame 上显式调用 NumPy 要执行得快得多。

现在已了解 NumExpr 是如何在硬件层次上提高组合计算的性能，接下来，学习 NumPy 和 NumExpr 的另一个依赖项 BLAS 是如何利用硬件来优化计算的。

BLAS 和 LAPACK

NumPy 是利用底层的基本线性代数子程序（BLAS）来实现高性能的线性代数运算，如矩阵乘法和向量加法。这些子程序通常是由汇编语言（一种与 CPU 指令非常相似的低级编程语言）编写。线性代数软件包（LAPACK）提供了求解线性方程组的子程序。通常是由 Fortran 编写，与 NumPy 一样，实际由 BLAS 调用。现有许多 BLAS 和 LAPACK 的实现，如 Netlib BLAS 和 LAPACK、OpenBLAS、Intel MKL、Atlas、BLIS 等，都各有优缺点。接下来，重点深入讨论 BLAS 是如何提高 pandas 操作性能的。

BLAS 通过利用硬件中的向量寄存器的单指令多数据（SIMD）指令来优化矩阵运算。所有 CPU 都具有用于保存 CPU 指令处理所需数据的寄存器。向量寄存器是这些寄存器中的一种特殊类型。允许在单个寄存器中存储多个数据段，并在数据处理操作时，同时执行寄存器中的每个数据段。SIMD 指令的优点是可将一组数据加载到寄存器中，并对其同时执行相同操作，而不必对每个元素连续执行同一运算。通过使用 SIMD 指令，可减少完成计算所需的 CPU 时钟周期数。例如，如果一个向量寄存器能够容纳 4 个数据元素，那么可将时钟周期数从 4 个减少为 1 个。这意味着如果执行列表 8-4 中 y 和 x 的点积，则可将其指定为如列表 8-5 所示的一系列 SIMD 指令。注意，数据 y 和 x 首先加载到向量寄存器 r1 和 r2 中，然后计算点积并存储在寄存器 r1 中。

列表 8-4　点积运算。

$$(Y1 \quad Y2 \quad Y3 \quad Y4)\begin{pmatrix} X1 \\ X2 \\ X3 \\ X4 \end{pmatrix} = Y1X1 + Y2X2 + Y3X3 + Y4X4$$

列表 8-5　SIMD 伪代码指令形式的点积运算。

```
load vr2, Y1, Y2, Y3, Y4
load vr1, X1, X2, X3, X4
dot r1, vr2, vr1
```

在此遗漏了一个重要细节，即通常数据只有在内存中顺序存储时才能加载到向量寄存器。这对于一般是一个矩阵的行与另一矩阵的列（反之亦然）之间的复杂向量运算而言，会产生一个问题。BLAS 与 Python 正好相反，因为其数组是以列为主，而不是以行为主。BLAS 也没有二维数组，都是存储为一维数组。列表 8-6 给出了一个 Python 数组的示例，以及如何将其存储在 BLAS 中。

列表 8-6 Python 和 BLAS 的矩阵表示对比。

Python	BLAS
y = [[1, 2], [3, 4]]	y = [1, 3, 2, 4]
y[row][col]	y[col * num_cols + row]

返回到列表 8-5 的点积示例，由于这些数组都表示为一维数组，尽管其中一个是行向量，另一个是列向量，但都有连续的内存地址，因此都可加载到向量寄存器。连续内存地址问题只有在处理更为复杂的矩阵运算和其他操作时才会产生，为此，接下来分析一个更复杂的示例。

执行矩阵乘法有很多实现方法。一种方法是使用点积运算，如图 8-4 所示。取第一个矩阵的行与第二个矩阵的列进行点积，将得到矩阵乘法结果矩阵中各个元素的值。

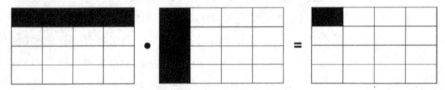

图 8-4 点积中的矩阵乘法

在图 8-4 中，现在遇到这样一种情况：由于内存不连续，无法将第一个矩阵的行加载到向量寄存器中。但需注意，如果转置矩阵，将行变为列，则内存是连续的，由此可将第一个矩阵的行加载到向量寄存器。

如果矩阵很大怎么办？若将 1000*1000 的矩阵转置，就无法全部置于缓存，且当必须传输到主存来进行数据读写时，会导致很大延迟。BLAS 是通过将矩阵数据分解成块（如同 NumExpr）来进行优化。一个示例如图 8-5 所示，通过这种方式，BLAS 能够将转置矩阵全部保存在缓存中，并在每个块上重用占位符来转置缓冲区。这不仅有利于将转置的缓冲区保留在缓存中，而且还因此不必为每个块重新分配新的缓冲区。只是用当前块中新的转置数据来重写上一块的缓冲区。

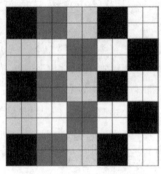

图 8-5 将大矩阵分解成块

通过将上述问题分解成块，BLAS 还能够利用多核。在不同内核上执行各个块，从而节省执行时间。

BLAS 用于加速计算的另一种技术是循环展开。这是将循环转换为一系列重复指令的过程。循环展开方法无需预测分支，且可能会因为分支预测错误而惩罚该分支。回顾在数据流水线中，可能在条件指令检查结果出现之前加载和处理指令。因此，硬件系统会尽量正确预测该条件的结果，并在确定之前采用哪个分支。循环展开方法还避免了指令指针必须跳转到指令内存中的新位置（可能会避免缓存未命中）以及必须跳转到主存以加载不在指令缓存中的指令。此外，还避免了每次迭代开始时的条件指令检查，从而节省 CPU 执行周期。通过循环展开，还可以对计算重新排序，以便将使用同一内存的计算放在一起，从而减少寄存器的指令加载。

总之，BLAS 采用了很多技术来提高线性代数运算的性能：SIMD 指令、分块、循环展开、线程等。另外，还有许多 BLAS 的具体实现，针对某些类型的 pandas 程序，选择一种性能更好的实现方法可能会产生巨大影响。

如果发现在 pandas 中执行了很多线性代数运算，那么可以考虑切换到性能更好的 BLAS 实现方法。Np.config_show()可显示 NumPy 正在采用哪种 BLAS 实现方法。Netlib BLAS 实现方法不能完全支持多核，且往往比其他实现的性能差得多。其他实现（如 OpenBLAS）则完全支持多核，且是开源免费的。从 Anaconda 2.5 或更高版本开始,Intel MKL 是默认的 BLAS 库，尽管是专用大型的，但经过高度优化并免费提供。

通过确保 NumPy 使用优化的依赖项 NumExpr 和 BLAS，可显著提高某些操作的性能。这些库可优化所用硬件的操作，以确保获得最佳性能，但要注意这些库何时能够提升性能。在最后一章，将展望 pandas 1.0 及其未来发展。

第**9**章
pandas 的发展趋势

现在，越来越多的软件包都是由 pandas 构建或与之兼容的。其中一些（如 sklearn-pandas）是与其他软件包（如 scikit-learn）集成的，以在机器学习中应用 DataFrames。另外，如 Plotly 则提供了交互式绘图功能和在线协作功能。在过去几年中，pandas 一直在努力向其他语言拓展。现在，已有 pandas.js 软件包和使得 ruby 用户调用 Python 中 pandas API 的 ruby 封装程序。此外，还推出使用一种称为 Weld 的新兴 LLVM 在全局范围内优化数据分析。该方法采用了一种类似于 NumExpr 的方法，不过应用规模更大。基本思想是将所有数据分析操作都松散结合在一起，仅在需要实际结果时运行。这使得操作优化以适用并行计算以及在更大规模上加载内存。

pandas 1.0

pandas 社区一直在积极开发 pandas 1.0，这是 pandas 自从首次发布以来的第一次升级。解决了先前版本中的许多问题。

pandas 1.0 增加了一种新的 pandas 特有的 NA 类型。这个新类型可使得空值在所有类型中保持一致。回顾第 4 章，在 pandas 0.25 中，NaN 必须存储为 float 型；不能是布尔型、整型或字符串。在之前版本中，不可能将包含 NaN 的列作为整型加载——必须在加载后将其转换为整型。现在在 pandas 1.0 中，可允许将含有 NaN 的列作为整型进行加载。列表 9-1 与列表 4-15 中文本给出的示例相同；只是现在采用了 pandas 1.0 中提供的新的空整型。注意，这种新类型的内存使用比数据类型所指示的多占用一个字节。因此，当设置类型为 Int16Dtype

时，每个元素实际占用三个字节而不是两个字节。额外的字节对应于 InterArray 实现中的布尔掩码，用于标记哪些值是 NA 型。

列表 9-1   pandas 1.0 如何处理数据中的 NaN 的示例。

```
>> data = io.StringIO(
    """
    id,age,height,weight
    129237,32,5.4,126
    123083,20,6.1,
    123087,25,4.5,unknown
    """
)
>> df = pd.read_csv(
    data,
    dtype={
        'id': np.int32,
        'age': np.int8,
        'height': np.float16,
        'weight': pd.Int16Dtype()},
    na_values=["unknown"],
    index_col=[0],
)
            age     height    weight
    id
    129237   32      5.4       126
    123083   20      6.1       <NA>
    123087   25      4.5       <NA>
>> df.memory_usage(deep=True)
    Index    24
    age      3
    height   6
    weight   9
>> df.dtypes
    age      int8
    height   float16
    weight   Int16
>> df.index.dtype
    dtype('int64')
```

随着引入 pd.NA，并增加空布尔数组和专用字符串数据类型，可在所有数据类型中相同的类型来一致表示空值。这个看似简单的变动还完善了 API 中一些细微的不一致性，例如，由于存在不一致的 null 类型，Categorical.min 函数可返回期望最小值，而不是 NaN，如列表 9-2 所示。

列表 9-2　pandas 1.0 在计算 Categorical 最小值时的特性变化。

```
>> pd.Categorical([1, 3, 5, np.nan], ordered=True).min()
NaN
>> pd.Categorical([1, 3, 5, pd.NA], ordered=True).min() # 1.0
1
```

引入专用字符串数据类型（StringDtype）本身也很大。在 pandas 0.25 中，字符串作为占用大量空间的对象来存储，且不能保证数据一致性，因为对象可以容纳任何类型的数据。采用新的显式 StringDtype 类型，可占用更少的空间，保证列内一致，并标记为文本类型，而不是将文本值与通用对象容器类型的所有值归并在一起。列表 9-3 展示了新的 pandas 字符串类型所占用的内存要少得多。在使用新的字符串类型时，每个值只占用 8 个字节，与之前的版本（每个对象值占用大约 60 个字节）相比，内存大大减少。

列表 9-3　与之前版本中的对象类型相比，pandas 1.0 中字符串类型的内存使用情况。

```
>> data = io.StringIO(
     """
     id,name
     129237,Mary
     123083,Lacy
     123087,Bob
     """
)
>> # Load the data with pandas 0.25.3.
>> df = pd.read_csv(
     data,
     dtype={'id': np.int32},
     index_col=[0],
)
     id          name
     129237      Mary
     123083      Lacy
     123083      Bob
>> df.memory_usage(deep=True)
     Index       24
     name        197
>> df.dtypes
     name        object
>> # Load the data with pandas 1.0.
>> df = pd.read_csv(
```

```
        data,
        dtype={
            'id': np.int32,
            'name': pd.StringDtype()},
        index_col=[0],
    )
        id          name
        129237      Mary
        123083      Lacy
        123083      Bob
>> df.memory_usage(deep=True)
        Index       24
        name        24
>> df.dtypes
        name        string
```

对于 pandas 用户而言，空布尔型也是一个极大的改进。之前，布尔列不能为 null 状态；只允许为 True 或 False。这意味着用户必须使用整型或对象来表示第三种 NaN 状态的布尔值，但现在可使用 pandas 中的 BooleanArray 类型。

在 pandas 中引入新的类型，即空布尔型，NA 型以及专用字符串型，对于 pandas 1.0 中的 pandas 类型转换产生显著改进。显著，整型、布尔型和字符串都可识别并存储为更小的数据类型，即使这些数据类型中包含空值。这是在性能和节省加载内存方面一个极大的改进。值得注意的是，尽管已存在这些新数据类型且在创建 pandas 数组时能进行推断，但在创建 DataFrames 时尚不能进行推断。必须显式指定 pandas 类型，以便在创建 pandas DataFrames 时所用。这就是为何在列表 9-1～9-3 中都在加载数据时利用 read_csv 来显式指定新的数据类型。如果没有显式指定这些类型，则会认为与之前版本的 pandas 中的类型相同。

现在，滚动应用方法还支持一个引擎参数，该参数可选 Numba 而不是 Cython。Numba 是将自定义应用函数转换为类似于 Cython 的优化编译机器代码，但对于包含数百万行的数据集和在 NumPy n 维数组上操作的自定义函数，pandas 团队发现 Numba 生成的优化代码要多于 Cython。当然，使用 Numba 非常有意义，因为在第一次使用 Numba 时会有编译开销，因此需多次反复执行计算。

在 pandas 1.0 中清理 Categorical 数据类型需要进行大量工作。回顾第 2 章，Categorical 数据类型是用于保存具有唯一值集合的元数据。API 中的弃用已删除，以前对数据类型的操作没有返回一个 Categorical，但现在可以返回，且改进了对空值的处理。此外，还有一些性能改进，如，现在，在执行比较之前，传输给 searchsorted 的所有值都转换为相同的数据类型。列表 9-4 给出了一个在 Categorical 上使用 searchsorted 的示例。在 pandas 1.0 中的操作可比之前版本快 24 倍。

列表 9-4   在 Categorical 中使用 searchsorted。

```
import pandas as pd
metadata = pd.Categorical(
    ['Mary'] * 100000 + ['Boby'] * 100000 + ['Joe'] * 100000
)
metadata.searchsorted(['Mary', 'Joe'])
```

对于 groupby，也进行了许多重构和错误修复。这曾经是一段含有相当多 bug 的复杂代码，但在 pandas 1.0 中实现了很多改进，其中包括完善空值处理，在 axis 为 1 时提供按列名选择，允许同一列的多个自定义聚合函数匹配序列 groupby 特性等。

在 pandas 中，对读取 CSV 数据的 load 和 dump 选项的支持远远超过其他加载程序的选项。虽然支持这么多的选项会让开发人员的代码变得复杂，但对于用户而言，这非常好。有些加载程序的选项比较平衡，但有些加载程序在可能会加速用户性能的 load 和 dump 性能方面存在不足。正如在第 3 章所述，read_sql 缺少在加载过程中指定数据类型的功能，这对于性能非常关键。另一方面，CSV 加载程序有很多选项，如果选择不当，某些选项则可能会导致性能下降。在 pandas 1.0 中，通过大量工作来解决这一问题，并对输入/输出数据方法的选项进行了标准化处理。例如，read_json 和 read_csv 现在都可以按预期解析和解释 infinity、-infinity、+infinity 和 NaN。在以前的版本中，read_json 不能处理 NaN 或 infinity 字符串，而 read_csv 无法将 infinity 字符串转换为 float 型。read_excel 中的 usecols 参数也已经标准化，其性质更像是 read_csv 的 usecols 参数。在此之前，usecols 只能允许是单个整型值，而现在可以是整型值列表，如 read_csv 一样。

pandas 1.0 还有许多其他细微的性能改进。在此将着重介绍其中几个改进地方，以便了解是采用哪些方法来改进性能。

在 pandas 1.0 中修改了 infer_type 方法的性能回归。在具体实现中下移了 if 语句，以避免在过早运行 isnaobj 比较时将数据类型转换为对象而导致性能下降，如图 9-1 所示。

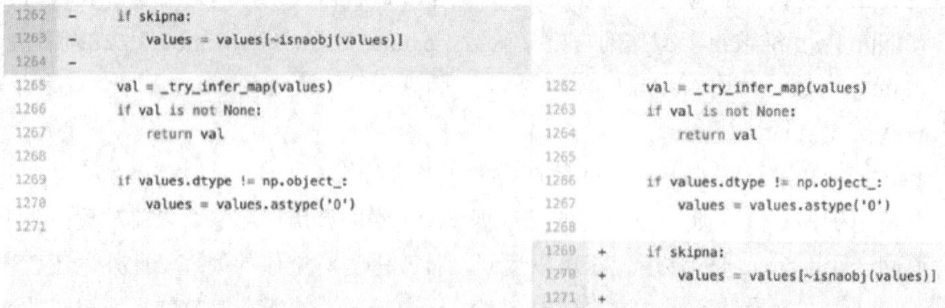

图 9-1   infer_type 的性能修复差异

针对用于以不同值替换这些值的替换方法，进行了另一项性能修复。在此，在原始代码之前插入了一些附加代码，以利用一些提前退出条件。如果要替换的值列表为空，则只需返回原始值，如果 inplace 为 False，则返回原始值的副本。若只有一个有效值，则用新值替换该值。这些值还可被转换为一组有效值，而不是保留位给定列中可能合理或不合理的一组值。注意，虽然在图 9-2 中未明确显示，但在最后的替换调用中使用了新的 to_replace 列表。这样就减少了所需的替换次数，并提高了大规模数据集的整体性能，因为其中的一些列不包含任何需要被替换的值。

```
743              return [self]
744          return [self.copy()]
745
746    +     to_replace = [x for x in to_replace if self._can_hold_element(x)]
747    +     if not len(to_replace):
748    +         # GH#28084可避免检查成本，因为可以推断在该代码块中
749    +         # 未替换任何内容
750    +         if inplace:
751    +             return [self]
752    +         return [self.copy()]
753    +
754    +     if len(to_replace) == 1:
755    +         # _can_hold_element检查已将其还原为标量，由此可避免成本
756    +         # 较高的对象强制转换
757    +         return self.replace(
758    +             to_replace[0],
759    +             value,
760    +             inplace=inplace,
761    +             filter=filter,
762    +             regex=regex,
763    +             convert=convert,
764    +         )
765    +
```

图 9-2　在原始替换逻辑之前插入的附加代码可利用提前退出条件

相等性比较指标的性能也得到提高。这是通过添加图 9-3 所示的提前退出条件而实现的另一项性能改进。如果维度不相等，则可确定索引也不相等，且 MultiIndex 相等性检查也会提前退出。

```
3053             return False
3054
3055         if not isinstance(other, MultiIndex):
3056    +         # d级MultiIndex可等效于d元组索引
3057    +         if not is_object_dtype(other.dtype):
3058    +             if self.nlevels != other.nlevels:
3059    +                 return False
3060    +
```

图 9-3　在 is MultiIndex 检查中插入的附加代码可利用提前退出条件

另外，对索引的 is_monotonic 检查也作了改进。以前，结果依赖于缓存值的生成，但当索引的级别已单独排序时，可利用 is_lexsorted 代码来确定单调性。回顾第 3 章，级别是索引中唯一的值列表，而代码保存了这些值在索引中的位置。代码将每个值表示为整型，该整型值是值在值列表中的索引位置。综上所述，is_lexsorted 的算法复杂度为 O(n)，是对表示值大小的整型进行运算，而之前的实现总是在一个复杂度为 O(nlog(n)) 的检查中直接对索引值进行运算，首先利用 NumPy 的 lexsort 对其进行排序，然后根据排序结果确定其中是否有不是单调顺序的。通过利用经排序的整型表示值，能够更快地确定单调性。图 9-4 以粗体显示了变化。

```
1356        def is_monotonic_increasing(self):
1357            """
1358            如果索引是单调递增（等于或递增）值，
1359            则返回
1360            """
1361
1362    +       if all(x.is_monotonic for x in self.levels):
1363    +           # 如果每一级均已排序，可直接对代码进行操作。GH27495
1364    +           return libalgos.is_lexsorted(
1365    +               [x.astype("int64", copy=False) for x in self.codes]
1366    +           )
1367    +
1368            # 由于lexsort()希望最后得到最重要的键，因此执行reversed()
1369            values = [
1370                self._get_level_values(i).values for i in reversed(range(len(self.levels)))
1371            ]
1372            try:
1373                sort_order = np.lexsort(values)
1374                return Index(sort_order).is_monotonic
1375            except TypeError:
1376
1377                # 由于具有混合类型，因此np.lexsort不易处理
1378                return Index(self.values).is_monotonic
```

图 9-4　为改进 is_monotonic 检查性能而插入的附加代码

根据 pandas 开发团队的说法，要从所有 pandas 方法中删除 inplace 选项，因为通常建议不使用该选项。与其名称恰恰相反，inplace 选项并非总是在不复制内存的情况下执行 inplace 操作。这通常是 pandas 类型推断的结果，其中该操作导致数据类型更改，因此必须用新类型来重建数据。列表 9-5 演示了该示例。当 NaN 值替换为 0.0 时，类型仍是 float 型，可直接在 NumPy 数组中替换该值，而无需创建新值并复制内存。若 0.0 替换为字符串 null，则 float64 型不能容纳字符串，因此必须重建 NumPy 数组，且必须将内存复制到对象类型的新数组中。这两个操作都是通过 inplace=True 来指定的，但后者会导致内存复制，因为底层数据结构的类型必须更改。

9 Chapter

列表 9-5 inplace=True 复制而非修改数据的示例。

```
>> data = pd.DataFrame({"size":[np.nan,1.0,3.5]})
>> data.dtypes
     size       float64
>> id(data._data.blocks[0].values)
     4757583472
>> data.fillna(0.0, inplace=True)
>> data.dtypes
     size       float64
>> id(data._data.blocks[0].values)
     4757583472
>> data.replace(0.0, "null", inplace=True)
>> data.dtypes
     size       object
>> id(data._data.blocks[0].values)
     4757572464
```

尽管认为试图不复制数据的性能要好于总是复制数据,但为了尽可能避免将用户置于一个不存在 inplace 的境地,pandas 团队建议不要使用 inplace=True。

在过去几年中,pandas 的原创者 Wes McKinney 已开始着手一个名为 Apache Arrow1 的新项目,希望这有朝一日能称为 pandas 的后端。目标是解决 pandas 的许多核心问题,包括减少内存开销和启用延迟评估。

结论

由于 pandas 用户群的多样性,其支持许多不同选项和许多不同方法来完成相同操作。pandas 的 API 拥有大量不断扩展的特性和选项集,这往往会令人难以承受,而导致用户常常以一种次优方式来实现。这是一个两难的决定:限制功能和选项个数不会让用户犯错,或提供一组功能以便用户找到一种方法来完成任何操作。pandas 无疑在后者表现不够完美,尽管这使得 pandas 成为一个非常强大的工具,适用于许多不同类型的大数据问题。而对于那些不在乎程序执行一分钟还是一小时的用户来说,采用一种次优方式实现并不是一个问题。然而,对于这些用户,很难推理和理解。希望本书能够更好地理解 pandas 的工作原理,以及凭直觉选择适用于特定场景的方法。

总体而言,在本书中介绍了一些基本的编码规则,在今后实施 pandas 项目时,应掌握这些规则:

- 如果可能的话,在加载数据的同时应规范化数据

- 明确指定数据类型
- 避免在 Python 中执行循环
- 慎重选择面向优化分析的 DataFrame
- 避免复制数据操作
- 根据需要利用 Cython 或更快的自定义实现

遵循上述基本规则来编写代码，就可以直观地了解一个给定的 pandas 操作究竟是如何执行的，从而能够在下一个 pandas 项目中选择最优的实现方式。